Experimentieren und Forschen

Wasser, Wind und Wolkenbruch

Von Dr. Rainer Köthe

Illustrationen von Isabelle Dinter

TESSLOFF

Inhalt

Wasser, Wind & Wolkenbruch

Grüne Blätter, bunte Blüten

Sonnenschein & Schattenspiele

Nichts für Luftikusse

Für Hitzköpfe & coole Typen

Von Regenschirmen und Wasserläufern

Rot, Blau, Gelb – kunterbunte Welt

Kein bisschen leise

Durchgeblickt

Großer Mond & kleine Nachtschwärmer

Von Schneeflocken & Eiskristallen

Forscherfrage 2

Wie rasch verdunstet Wasser an der Luft?

Wovon hängt es ab, dass das Wasser verdunstet? Hat es mit Wind zu tun, also der Bewegung der Luft? Oder damit, wie warm es ist? Ein Forscher untersucht solche Fragen, indem er im Experiment jeweils nur einen Einfluss verändert, die anderen aber gleich lässt. Tue dies auch und halte deine Beobachtungen in den Tabellen im Forschertagebuch fest.

A 1

Du brauchst:

- Wasser
- 2 flache Teller
- ein Glas
- Filzstift
- Ventilator

2

Das Verschwinden des Wassers in die Luft nennt man übrigens „Verdunsten“.

So geht's:

(A) Fülle das Glas vollständig mit Wasser und gieße dann genau die Hälfte davon auf den Teller (1). Stelle Glas und Teller nebeneinander an einen ruhigen Platz der Wohnung (2) und schaue in den nächsten Tagen immer wieder nach: Wo verschwindet das Wasser rascher, von der großen oder der kleinen Wasseroberfläche?

(B) Fülle beide Teller mit gleich viel Wasser. Markiere mit dem Filzschreiber den Wasserstand. Stelle einen Teller auf die warme Heizung, den anderen an eine kühle Stelle, etwa in den Keller. Vergleiche wieder nach ein bis zwei Tagen: Verschwindet das Wasser am warmen oder am kühlen Platz schneller?

B

(C) Fülle wieder die beiden Teller mit gleich viel Wasser. Markiere mit dem Filzschreiber den Wasserstand. Stelle einen Teller vor den Ventilator, den anderen an einen windstillen, etwa gleich warmen Ort.

Schalte den Ventilator ein (niedrigste Stufe reicht) und vergleiche nach einigen Stunden: Lässt der Wind das Wasser schneller verschwinden?

Das zeigt: Je größer die Berührungsfläche zwischen Wasser und Luft ist, desto rascher verdunstet das Wasser. Aber auch Wärme und Luftbewegung steigern das Verdunstungstempo. Wasser kann sich also in der Luft auflösen und wird dabei unsichtbar. Man nennt dieses unsichtbare Wasser „Wasserdampf“.

Heiße Luft trocknet Haare

Schon gewusst?

Warme, bewegte Luft, die etwas verdunsten lässt – erinnert dich das an etwas? Natürlich! Ein Fön sendet einen warmen Luftstrom aus und trocknet so nasse Haare schnell. Und was tut ein Wäschetrockner? Auch er bläst warme Luft durch die feuchten Wäschestücke und trägt so die Feuchtigkeit davon. An heißen Tagen bringt ein Ventilator erfrischende Kühle. Aber eigentlich kühlt er die Luft gar nicht – er sorgt nur dafür, dass der Schweiß auf unserer Haut rascher verdunstet.

Für Schlaumeier

Was geschieht beim Verdunsten?

Wasser besteht aus kleinsten Teilchen, die Moleküle genannt werden. Sie sind sehr, sehr klein: Selbst ein winziges Wassertröpfchen enthält eine riesige Anzahl davon. Diese Moleküle ziehen sich gegenseitig an, sie kleben sozusagen aneinander. Je wärmer es ist, desto rascher bewegen sich die Moleküle.

Dabei gelingt es immer wieder einigen, die „Klebekraft“ der anderen Moleküle zu überwinden und in die Luft zu entweichen. Je größer die Berührungsfläche zwischen Wasser und Luft ist, desto mehr sind es.

Je wärmer das Wasser ist, desto mehr Molekülen gelingt die „Flucht“, deshalb verdunstet wärmeres Wasser rascher. Die meisten Moleküle haben allerdings nur gerade so viel Kraft, dass sie zwar das Wasser verlassen können, aber zunächst nahe der Wasseroberfläche bleiben. Manche fallen auch wieder zurück. Schon leichter Wind hilft ihnen bei der Flucht.

Übrigens: Sehen kann man die einzelnen Moleküle nicht, dazu sind sie viel zu winzig. Nur wenn Abermilliarden von Molekülen zusammenhängen, wird das für uns als Wassertröpfchen sichtbar.

Verschwindendes Wasser überall

Es gibt viele Beispiele dafür, dass Wasser von selbst verschwindet:

- Es hat geregnet, Bäume, Büsche, Straßen und Wege sind nass. Aber spätestens einige Stunden nach dem Regenguss ist alles wieder ziemlich trocken. Selbst die Asphaltstraße, auf der Regenwasser nicht versickern kann. Wind und Sonnenschein lassen das Wasser noch schneller verschwinden.
- Du fährst mit deinen Eltern im Auto durch den Regen. Kaum seid ihr aus dem Guss heraus, treibt der Fahrtwind die letzten Tropfen davon, und nach wenigen Minuten ist das Auto wieder trocken.
- Nach Herbstnächten glitzern Gras, Blätter und Spinnennetze vom Tau. Doch schon bald nach Sonnenaufgang ist die funkelnde Pracht wieder verschwunden.

Forscherfrage 3

Woher weiß man, ob Luft viel oder wenig Wasserdampf enthält?

Kommst du einige Stunden nach dem Duschen wieder ins Badezimmer, sind die Tropfen und kleinen Pfützen verschwunden. Dafür fühlt sich die Luft eigenartig feucht an, weil in ihr das verdunstete Wasser steckt. Luft kann also mehr oder weniger Wasserdampf enthalten. Sehen kann man ihn nicht. Aber ein Forscher weiß sich zu helfen: Baue dir einfach ein Anzeigegerät für die Luftfeuchtigkeit.

Du brauchst:

- **ein 10–15 cm langes Haar**
- **Seife**
- **Stecknadel**
- **kräftige Pappe**
- **Trinkhalm**
- **Klebeband**
- **Bleistift**
- **Schere**

So geht's: Ein Haar reagiert auf wechselnde Luftfeuchtigkeit, indem es kürzer oder länger wird. Das nutzt du aus. Wasche zunächst das Haar mit Seifenwasser und trockne es gut. Schneide aus Pappe ein etwa 20 x 20 cm großes Stück. Kürze den Trinkhalm auf 10 cm und halbiere ihn längs. Schneide ein Ende zu einer scharfen Spitze als Zeiger.

Etwa 2 cm vom anderen Ende bohrst du genau mittig mit der Stecknadel ein Loch. Ein weiteres Loch stichst du nahe diesem Ende. Dort knotest du ein Ende des Haares fest. Befestige dann den Trinkhalm wie in der Zeichnung mit der Stecknadel am Karton (1); er muss sich ganz leicht bewegen können.

Das andere Ende des Haares befestigst du mit Klebeband weiter unten am Karton, sodass es durch das Zeigergewicht straff gespannt ist (ein Knoten im Haar verhindert, dass es durchrutscht).

Stelle das Gerät nun einige Minuten lang ins feuchte Badezimmer (2) und markiere dann mit dem Bleistift die Stellung der Zeigerspitze. Bringe dann das Gerät in möglichst trockene Luft und markiere nach einem Tag wieder die Zeigerstellung. Schreibe hier „trocken“ daneben, an die andere Markierung „feucht“.

Von nun an kannst du die jeweilige Luftfeuchtigkeit an der Zeigerstellung ablesen.

Luftfeuchtigkeit

Schon gewusst?

Man spürt es, ob die Luft sehr trocken oder sehr feucht ist: Niedrige Luftfeuchtigkeit trocknet Lippen und Kehle aus, während man bei hoher Luftfeuchtigkeit ein unangenehmes Schwitzgefühl hat – dann kann nämlich Schweiß schlechter verdunsten als sonst.

Manche Materialien reagieren auf den Grad der Luftfeuchtigkeit. Kiefernzapfen schließen sich in feuchter Luft, um die Samen darin vor Regen zu schützen.

Die bekannten Wetterhäuschen enthalten ein dünnes, verdrilltes Bündel Pferdehaare. Es drillt sich je nach Luftfeuchtigkeit mehr oder weniger auf und dreht so entweder die sommerlich gekleidete Dame oder den Mann mit dem Regenschirm hervor.

Forscherfrage 4

Wie kann man Wasser aus der Luft wieder sichtbar machen?

Du weißt: Manchmal wird das unsichtbare Wasser in der Luft wieder sichtbar. Zum Beispiel bilden sich an einem warmen Sommertag winzige Wassertröpfchen an einer Flasche Wasser aus dem Kühlschrank. Ob es die Kälte ist, die den Wasserdampf wieder zu Wasser macht?

Du brauchst:

- **2 Einmachgläser mit Deckel**
- **Küchenpapier**
- **Gabel**

So geht's: Mach zwei Blätter Küchenpapier schön nass und lege in jedes Glas eines. Stelle beide Gläser verschlossen an einen warmen Ort, etwa auf die Heizung oder in die Sonne (1). Nach einer Stunde angelst du rasch mit der Gabel aus beiden das Papier heraus und verschließt sie wieder (2). Beide Gläser sind jetzt mit sehr feuchter Luft gefüllt, die vom nassen Papier stammt. Stelle nun eines in den Kühlschrank, das andere irgendwo in die Küche. Schau nach einer Stunde nach: Im gekühlten Glas haben sich viel mehr Wassertröpfchen gebildet als im anderen (3). Stelle dieses Glas ungeöffnet einen Tag lang an einen warmen Ort: Die Tröpfchen lösen sich wieder auf.

Das zeigt: Tatsächlich lässt sich durch Abkühlen Wasser aus feuchter Luft gewinnen. Es setzt sich in Form winziger Tröpfchen wieder ab. Beim erneuten Erwärmen verdunstet es wieder.

Für Schlaumeier

Wie Unsichtbares wieder sichtbar wird

Wie viel Wasser sich in Luft auflösen kann, hängt stark von der Temperatur ab: Je kühler es ist, desto weniger Wasser löst sich. Umgekehrt löst sich umso mehr, je wärmer es ist. Wenn die Luft bei sinkender Temperatur nicht mehr alles Wasser gelöst halten kann, scheidet sich das überschüssige Wasser ab und bildet Tröpfchen. Man sagt dazu: Es „kondensiert". Wir leben in Mitteleuropa in einer wasserreichen Umgebung: Das Meer ist nicht weit und zudem regnet es oft. Unsere Luft enthält daher stets mehr oder weniger unsichtbaren Wasserdampf.

Es kommt recht häufig vor, dass sich Wasserdampf aus der Luft niederschlägt:

- An kühlen Tagen beschlagen die Innenseiten der Autofenster sehr leicht, weil dort die Feuchtigkeit der Innenluft kondensiert.
- Besonders im Herbst ist es tagsüber meist warm. In der Nacht kühlen Boden und Luft aber besonders rasch ab. Dann kondensiert die tagsüber aufgenommene Feuchtigkeit zu Nebel. Manchmal bilden sich nachts auch Tautröpfchen auf Pflanzen und Spinnennetzen.

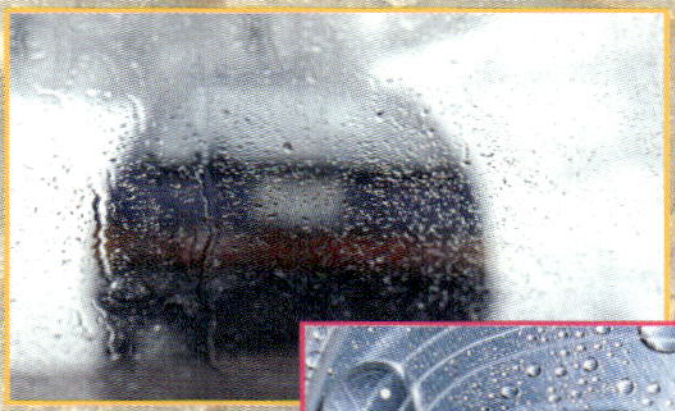

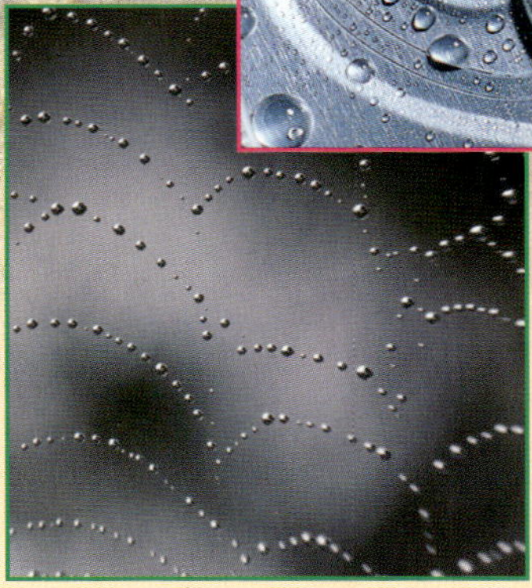

- Wenn du dich an einem heißen Sommertag mit einem kühlen Getränk erfrischst, beschlägt die Außenseite des Glases oder der Dose auch rasch.

- An kühlen Tagen bildet dein Atem kleine Nebelwölkchen. Denn auch der Atem ist reich an Wasserdampf. Eigentlich kein Wunder: Er strömt von der Lunge durch Luftröhre und Mund – lauter Organe mit feuchten Wänden. Mischt sich die warme, feuchte Luft nach dem Ausatmen mit kühler Außenluft, kondensiert ein Teil des Wasserdampfs zu kleinen Wölkchen.

- Beim Duschen oder Baden in der Wanne beschlagen Fenster und Spiegel, weil das warme Badewasser viel Feuchtigkeit an die Luft abgibt.

Forscherfrage 5

Wie entstehen Wolken?

Nicht nur die Atemluft kann Wölkchen bilden. Oft wabern auch im Badezimmer richtige Wölkchen, vor allem, wenn man das Fenster öffnet und kühle Luft hereinweht. Auch der Himmel ist voller Wolken, wenn es regnet. Haben also auch Wolken etwas mit verdunstetem und kondensiertem Wasser zu tun? Dann müsstest du aus feuchtwarmer und kühler Luft auch Wolken erzeugen können.

Du brauchst:

- warmes Wasser (etwa Badewannentemperatur)
- großer Topf
- Schale mit Eiswürfeln (oder etwas Kaltes aus dem Tiefkühlschrank)

So geht's: Fülle den Topf etwa 2 cm hoch mit warmem Wasser. Schwenke dann die kalte Eisschale über dem Wasser im Topf herum. Sofort bilden sich feine Wölkchen.

Das zeigt: Wolken bilden sich, wenn sich feuchtwarme Luft mit kühler Luft mischt. Die kühle Luft stammt in diesem Fall von der Eisschale. Sie kondensiert einen Teil der Luftfeuchtigkeit zu Wolken aus feinsten Wassertröpfchen.

Gebirge aus Wassertröpfchen

Auch in der Natur entstehen Wolken meist beim Zusammentreffen von feuchtwarmer Luft mit kühlerer Luft. In größerer Höhe ist die Luft kühler als nahe am Boden. Wenn nun warme und feuchte Luft vom Boden aufsteigt, erreicht sie in einer bestimmten Höhe kühlere Luftschichten.

Schäfchenwolken

Dann kondensiert die Feuchtigkeit der Luft zu Tröpfchen, die Wolken bilden. In noch größerer Höhe können die Tröpfchen sogar zu feinen Eiskristallen gefrieren. Im direkten Sonnenlicht sind die Wolken strahlend weiß und ziehen an schönen Sommertagen als „Schäfchenwolken" über den blauen Himmel.

Für Schlaumeier

Wettervorhersage

Es gibt viele unterschiedliche Wolkenformen, die dir etwas über das Wetter verraten. Deine Beobachtungen kannst du im Forschertagebuch festhalten.

Im Sommer kommt es oft vor, dass die Luft warm und feucht ist. Kommt dann eine Welle kalter Luft (eine „Kaltfront") heran, drückt die kühle Luft die feuchtwarmen Luftmassen rasch nach oben. Dadurch entstehen kräftige Regenwolken, die sich zunächst als Quellwolken nach oben ausdehnen und einem Blumenkohl ähneln. Wachsen sie weiter, nehmen sie oft die Form eines Ambosses an und bekommen zerfaserte Ränder. Dann ist mit Platzregen, Hagel, Blitz und Donner zu rechnen.

Schleierwolken

Zieht dagegen eine Masse feuchtwarmer Luft (eine „Warmfront") heran, schiebt sie sich über die am Boden ruhende Kaltluft. Es bilden sich feine, in sehr großer Höhe schwebende Schleierwolken, die nach und nach dichter werden und dann als gleichmäßig graue Schicht den Himmel bedecken. Aus ihr fällt schließlich meist lang andauernder Regen oder eventuell Schnee.

Der Kreislauf des Wassers

Das Wasser der Erde ist ständig in Bewegung, angetrieben von der Wärme der Sonne. An zahlreichen Stellen verdunstet Wasser, besonders an der riesigen Oberfläche der Meere und Ozeane. Es steigt empor und bildet Wolken, aus denen es als Regen wieder auf die Erde fällt. Der meiste Regen geht über dem Meer nieder, aber einen Teil der Wolken treibt der Wind übers Festland, sodass es dort regnet oder schneit.

Dieser Niederschlag versorgt uns mit Süßwasser und ist daher für Pflanze, Tier und Mensch lebenswichtig. Ein Teil des Wassers läuft an der Erdoberfläche ab; es füllt Seen und Teiche und bildet Rinnsale, Bäche und Flüsse, die wiederum dem Meer zuströmen. Ein anderer Teil sickert in die Erde und sammelt sich über wasserundurchlässigen Gesteinsschichten als „Grundwasser“. Aus ihm speisen sich Quellen und Brunnen.

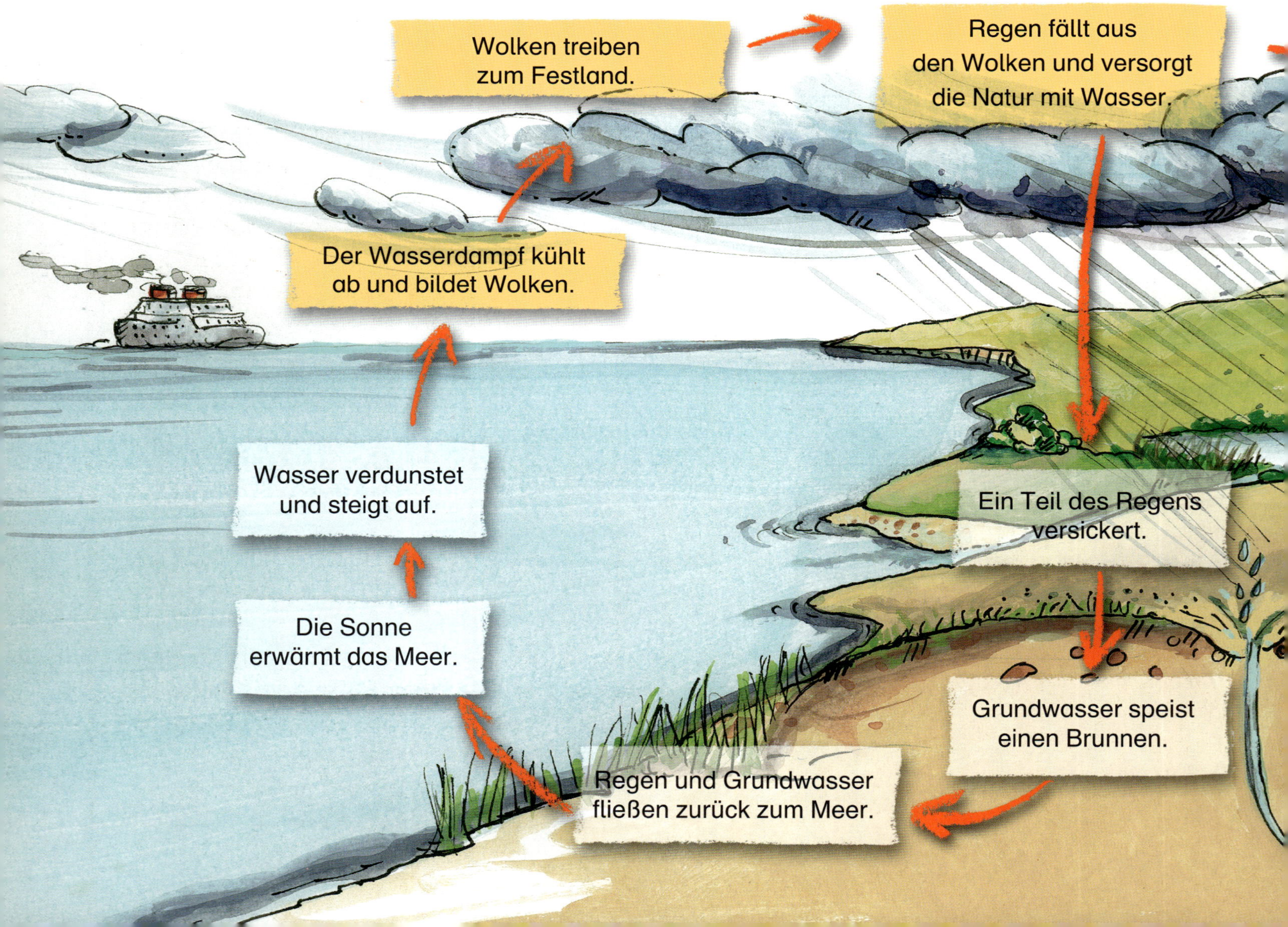

Forscherfrage 6

Funktioniert der Wasserkreislauf nur im Großen?

Im Gegenteil: Du kannst dir ganz leicht ein Mini-Modell des Wasserkreislaufs bauen: einen Pflanzengarten im Glas.

Du brauchst:

- 1-Liter-Einmachglas
- Frischhaltefolie
- Blumenerde
- Kressesamen oder einige Zentimeter kleine Pflanzen vom Gärtner

So geht's: Fülle das Glas etwa 3 cm hoch mit gesiebter Gartenerde. Säe Kressesamen in die Erde oder pflanze kleine Grünpflanzen hinein. Feuchte die Erde gut an; sie darf aber nicht zu nass sein. Verschließe das Glas mit der Folie und stelle es auf die Fensterbank. Im Laufe einiger Wochen wachsen die Pflanzen schön heran und bleiben auch frisch, ohne dass du sie gießen musst.

Das zeigt: Das Wasser in deinem Pflanzengarten verdunstet aus der Erde; auch die Pflanzen geben Wasserdampf ab. Er kann nicht entweichen und kondensiert an etwas kühleren Stellen wieder zu flüssigem Wasser, das in die Erde herabrinnt, ähnlich wie Regen.

Grüne Blätter, bunte Blüten

Wir sind umgeben von grünen Pflanzen aller Art in unvorstellbar hoher Zahl. Sie machen unsere Welt schöner und bunter. Und, noch wichtiger, sie liefern uns und allen Tieren einen großen Teil der Nahrung. Ohne sie gäbe es weder Getreide noch Gemüse, Obst oder Futtergras.

Doch wie ernähren sich eigentlich Pflanzen? Müssen sie auch atmen? Was brauchen sie zum Leben? Das sind spannende Fragen für einen Forscher.

Forscherfrage 7

Brauchen Pflanzen Licht?

Du hast sicher schon Gras gesehen, das mehrere Tage lang zugedeckt war, weil etwas auf dem Rasen lag. Dieses Gras ist nicht mehr grün, sondern gelblich. Was könnte das Grün vertrieben haben? Probiere einmal aus, was mit Pflanzen passiert, die kein Licht haben.

Du brauchst:

- **Blumentopf/Schale**
- **Blumenerde**
- **Kressesamen**
- **Karton**
- **Klebeband**

So geht's: Fülle den Topf mit Erde, feuchte sie gut an (aber nicht zu nass machen!) und säe Kressesamen hinein. Stelle den Topf einige Tage lang ans Licht, bis die Kresse schön gewachsen und etwa 3 cm hoch ist. Prüfe täglich mit dem Finger, ob die Erde noch feucht genug ist, und gieße deine Kresse, wenn sie trocken ist.

Stelle dann den Kressetopf in einen kleinen Karton. Verklebe alle Ritzen, sodass möglichst kein Licht hineinfällt. Nach einigen Tagen schaust du nach: Die Kresse hat viel von ihrer grünen Farbe verloren und wirkt immer kränklicher, je länger sie im Dunkeln steht. Wenn du sie aber rechtzeitig wieder ans Licht setzt, wird sie wieder grün und kräftig.

Das zeigt: Bekommen Pflanzen längere Zeit kein Licht, werden sie krank und sterben ab. Erstes Zeichen: Sie verlieren ihre grüne Farbe. Offenbar hat das Grün mit dem Lichthunger der Pflanze zu tun.

Für Schlaumeier

Gierig nach Licht

Alle grünen Pflanzen sind auf Licht angewiesen. Sie brauchen es, um zu wachsen und Nährstoffe zu bilden. Sie „essen" sozusagen mithilfe des Lichts. Der grüne Farbstoff, das Blattgrün, hilft ihnen beim Auffangen des Lichts. In Teilen, auf die längere Zeit kein Licht fällt, baut die Pflanze diesen Farbstoff dagegen ab.

Unter dem Mikroskop kann man erkennen, wo genau das Blattgrün steckt: Es liegt in bestimmten Kammern („Zellen") des Blattes, und zwar in Form grüner linsenförmiger Gebilde, den Blattgrünkörperchen.

Forscherfrage 8

Wie lichthungrig sind Pflanzen?

Wenn du Hunger hast, suchst du dir etwas zu essen. Pflanzen können nicht umherwandern. Du hast aber sicher schon beobachtet, dass Zimmerpflanzen ihre Blätter zum Fenster hin ausrichten. Pflanzen können also offenbar so wachsen, dass sie möglichst viel Licht einfangen. Das solltest du genauer untersuchen. Natürlich sind wir immer von viel Licht umgeben. Damit wir die Lichtsuche von Pflanzen beobachten können, müssen wir sie daher ins Dunkle stellen.

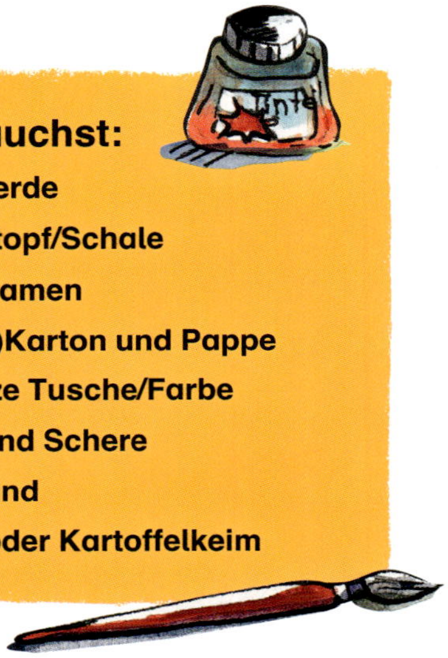

Du brauchst:

- **Blumenerde**
- **Blumentopf/Schale**
- **Kressesamen**
- **(Schuh-)Karton und Pappe**
- **schwarze Tusche/Farbe**
- **Pinsel und Schere**
- **Klebeband**
- **Bohne oder Kartoffelkeim**

So geht's:

(A) Fülle wie im vorigen Versuch den Topf mit feuchter Erde, säe Kressesamen ein und lasse sie einige Tage wachsen. Dann feuchtest du die Erde nochmal gut an und stellst den Topf in einen Karton, den du rundherum so verklebst, dass kein Licht eindringen kann.

1

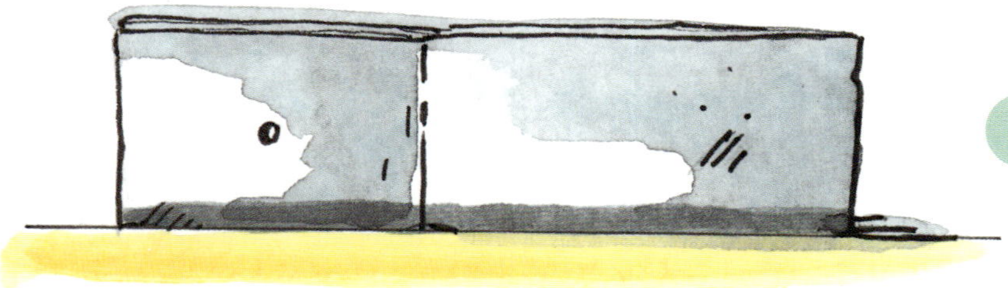

A

Nur an einer Stelle bohrst du mit der Schere ein winziges Loch in den Karton (1). Schaue dir nach einigen Tagen deine Kresse an: Die Stielchen und Blättchen haben sich zum Licht gewendet (2).

2

(B) Ob eine Pflanze auch einen gewundenen Weg zum Licht findet? Klebe in deinen Karton zwei oder drei Trennwände ein, wie es die Zeichnung zeigt (2). In jede schneidest du ein münzgroßes Loch. Achte darauf, dass sich die Löcher nicht gegenüberstehen. Auch die Außenwand bekommt ein solches Loch. Male das Innere des Kartons mit schwarzer Farbe an, damit eindringendes Licht möglichst geschluckt wird.

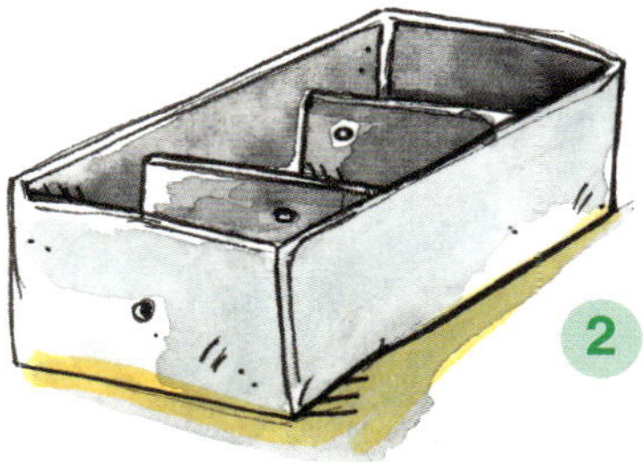

2

3

4

Pflanze nun in deinen Blumentopf eine Bohne (am besten eine Saatbohne aus dem Gartengeschäft) und warte, bis sie einen kleinen Spross gebildet hat. Halte dabei die Erde ständig gut feucht, aber nicht nass. Dann stellst du den Topf in den Karton (3) und verschließt ihn so, dass nur durch das eine Außenloch Licht fällt. Nach einigen Tagen schiebt sich der Bohnenspross aus dem Loch (4).

Das zeigt: Pflanzen wachsen immer zum Licht hin, und sie nehmen dabei sogar Umwege in Kauf.

Für Schlaumeier

Kampf ums Licht

Lange Stängel bilden die meisten Pflanzen vor allem, damit sie ihre Blätter dem Licht entgegenstrecken können. Im Wald herrscht zwischen den Bäumen geradezu ein „Kampf“ um das Licht: Jeder versucht, seinen Stamm möglichst hoch zu recken, um nicht von den anderen Bäumen beschattet zu werden. Und unter jeder Lücke im Kronendach wachsen Büsche und krautige Pflanzen – zumindest so lange, bis sie sich geschlossen hat. Ohne Licht geht es also nicht!

Forscherfrage 9

Wie nehmen Pflanzen Wasser auf?

Licht allein reicht zum Wachsen noch nicht. Deine Kresse braucht feuchte Erde, Topfpflanzen werden regelmäßig gegossen und Blumen stellt man in eine Vase mit Wasser. Pflanzen brauchen außer Licht offenbar auch Wasser, um zu wachsen – aber wie nehmen sie das Wasser auf?

Du brauchst:
- ein Glas
- einige Tropfen Speiseöl
- Stängel mit weißer Blüte (zum Beispiel eine weiße Nelke oder eine Margerite)
- Lebensmittelfarbe (gibt's im Supermarkt, notfalls tut es auch Tinte)
- Filzstift

So geht's: Fülle das Glas zu drei Vierteln mit Wasser. Stelle den Stängel hinein. Gib einige Millimeter hoch Speiseöl aufs Wasser – es verhindert, dass das Wasser direkt verdunstet (1).

1

Markiere mit dem Filzstift den Wasserstand (2). Beobachte nun täglich, wie sich der Wasserstand verändert.

2

Das Wasser wird allmählich weniger (3). Offenbar wandert es in die Pflanze. Willst du seinen Weg verfolgen?

3

Wiederhole den Versuch. Färbe diesmal aber das Wasser kräftig mit Lebensmittelfarbe ein (4) und warte wieder einige Tage ab.

4

Das zeigt: Die Pflanze saugt Wasser durch ihren Stängel empor. Den Farbstoff im Wasser nimmt sie dabei mit. Der Farbstoff zeigt, dass sich das Wasser durch feine Adern in der Pflanze verteilt; besonders an der weißen Blüte kann man das gut erkennen (5).

Wasserleitungen in Stängel und Blatt

Für Schlaumeier

Schneide einen möglichst großen Pflanzenstängel durch und schaue dir mit einer Lupe die Schnittstelle an. Dann entdeckst du feinste Röhrchen, die „Leitbündel“. In ihnen strömt das Wasser in der Pflanze empor. Der Stängel ist aber nur die Transportleitung.

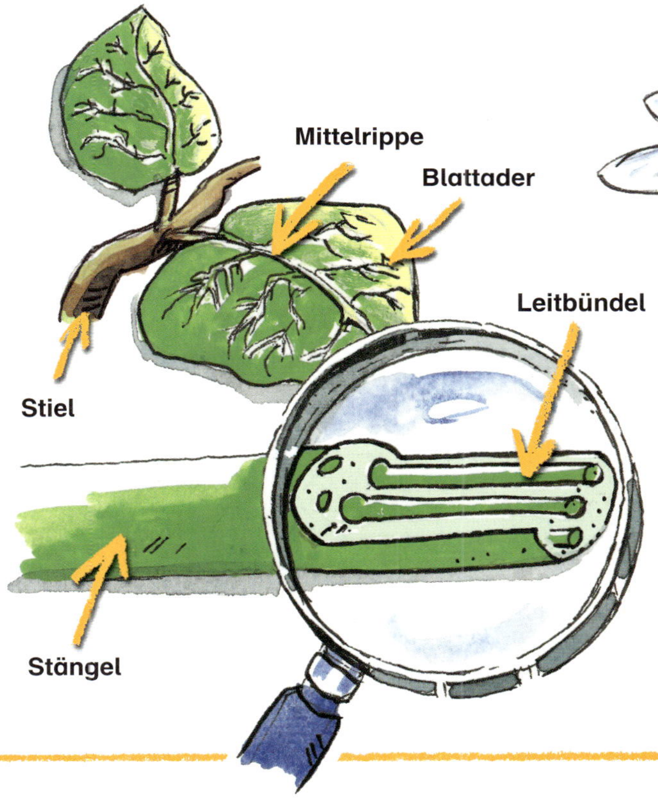

Das Wasser stammt aus dem Erdboden. Von dort saugen es die Pflanzen mit feinsten Wurzelhärchen auf und leiten es durch den Stängel zu Blättern und Blüten. Dort verzweigen sich die winzigen Röhrchen zu einem Netz aus immer feineren Adern. In Blättern kannst du diese „Blattadern“ besonders gut erkennen.

Forscherfrage 10

Wo bleibt das Pflanzenwasser?

Im letzten Versuch hat dein Stängel im Laufe einiger Tage eine ganz ordentliche Menge Wasser aufgesogen. Wo ist es geblieben? Nehmen Pflanzen vielleicht nicht nur Wasser auf, sondern geben auch welches ab? Wenn ja, dann wohl vor allem durch die Blätter – denn deine Pflanze hat ja nur Stängel und Blätter.

So geht's: Streife den Plastikbeutel über deinen Zweig im Glas oder über den Zweig eines Busches mit einigen Blättern. Verschließe die Öffnung mithilfe des Klebebands. Spätestens nach einigen Tagen erkennst du viele Wassertröpfchen an der Innenseite des Plastikbeutels.

1

Du brauchst:

- **durchsichtiger Plastikbeutel (zum Beispiel Gefrierbeutel)**
- **Klebeband**
- **Glas**
- **belaubter Zweig eines Busches**

2

Das zeigt: Blätter geben Wasser als unsichtbaren Wasserdampf ab. Er hat sich in dem Plastikbeutel in flüssiger Form abgesetzt. Normalerweise würde sich das verdunstete Wasser unbemerkt in der Luft verteilen.

Für Schlaumeier

Der Weg des Wassers

Pflanzen holen sich das Wasser mittels ihrer Wurzeln aus dem Erdboden. Die Wurzeln drücken das Wasser nach oben in die Wasserleitungsröhrchen. Allerdings würde dieser Druck niemals ausreichen, um etwa eine 30 Meter hohe Baumkrone zu versorgen. Hier hilft die Verdunstung des Wassers an den Blättern. Sie erzeugt einen Sog, so wie wenn du an einem Trinkhalm saugst. Dadurch wird das Wasser emporgezogen.

Eine prächtige Buche. Die Gesamtoberfläche der Blätter entspricht der Bodenfläche eines großen Gartens.

Durstig

Es ist kaum zu glauben, welche Wassermengen ein Baum durch seine feinen Röhrchen befördert. Eine kräftige Buche verdunstet an einem warmen Sommertag rund 400 Liter Wasser!

Der Wasserdampf dringt durch winzig kleine Spalten nach draußen. Diese „Spaltöffnungen“ sitzen meist an der Blattunterseite. Die Pflanze kann sie öffnen und schließen und so regeln, wie viel Wasser verdunstet.

Sprudelgas macht Pflanzen stark

Schon gewusst?

Pflanzen brauchen nicht nur Licht und Wasser, sondern auch Luft zum Leben. Dabei nehmen sie nur einen bestimmten Bestandteil der Luft auf, nämlich ein Gas namens Kohlendioxid. Du kennst es vom Mineralwasser; dort sorgt es für den erfrischenden, leicht säuerlichen Geschmack und für das Sprudeln. Kohlendioxid bildet sich im Körper von Menschen und Tieren; es ist daher in der Luft, die wir ausatmen. 3000 Liter Luft enthalten nur einen Liter Kohlendioxidgas. Und diese geringe Menge filtern sich die Pflanzen heraus, indem sie die Luft durch die Spaltöffnungen ihrer Blätter sickern lassen. Aus Kohlendioxid und Wasser stellen sie sich dann in einer gewaltigen chemischen Aufbauleistung all die Stoffe her, aus denen sie bestehen. Und damit auch die Stoffe, die wir und viele pflanzenfressende Tiere als Nahrung brauchen.

Forscherfrage 11

Brauchen wir Pflanzen zum Atmen?

Pflanzen, so heißt es, verbessern die Luft. Ohne sie könnten wir gar nicht leben. Was mag das bedeuten?

Du brauchst:

- **Wasserpflanze (z. B. Wasserpest aus dem Aquarienladen)**
- **Schüssel**
- **durchsichtiges Trinkglas**

So geht's: Fülle die Schüssel mit Wasser und lege die Wasserpflanze hinein. Tauche das Glas in die Schüssel, sodass es sich vollständig füllt. Drehe es dann unter Wasser mit der Öffnung nach unten und stülpe es über die Wasserpflanze. Stelle die Schüssel ein paar Tage lang an einen sonnigen Platz. Bald werden sich im Wasser einige Luftblasen zeigen. Vor allem aber bilden sich an der Pflanze silbrige Gasbläschen. Mit der Zeit steigen sie auf, und oben im Glas bildet sich eine wachsende Gasblase.

1

Das zeigt: Pflanzen verbrauchen nicht nur Luft, sie erzeugen auch ein Gas und geben es in die Luft ab. Das tun übrigens alle grünen Pflanzen, bei Wasserpflanzen kann man es nur besonders gut sichtbar machen.

Gase im Kreislauf

Das Gas, das die Pflanzen abgeben, nennt man Sauerstoff. Dank der grünen Pflanzen auf unserer Erde besteht die Luft zu etwa einem Fünftel daraus. Und das ist auch gut so. Denn alle Tiere und Menschen brauchen diesen Sauerstoff zum Atmen. Ohne ihn würden wir ersticken. Bei der chemischen Umsetzung der Nahrung im Körper entsteht Kohlendioxid, das wir ausatmen. Auch wenn etwas brennt, wird dieses Gas frei. So wird der Vorrat an Kohlendioxid in der Luft immer wieder aufgefüllt. Tiere und Pflanzen helfen sich auf diese Weise also gegenseitig:

Die Pflanzen brauchen Kohlendioxid und erzeugen Sauerstoff, Tiere und Menschen dagegen verbrauchen Sauerstoff und erzeugen dafür Kohlendioxid.

Sonnenschein & Schattenspiele

Alle Lebewesen sind auf das Licht und die Wärme der Sonne angewiesen. Grund genug also, sich mit ihr zu beschäftigen. Als Forscher hast du sicher längst den täglichen Lauf der Sonne beobachtet und dir gemerkt, an welchen Stellen des Horizonts sie im Laufe des Jahres jeweils morgens ihre Bahn über den Himmel beginnt und wo sie untergeht. Aber weißt du auch, dass man den Lauf der Sonne als Zeitmesser nutzen kann, ja dass sie sogar Tag und Nacht bestimmt?

Forscherfrage 12

Wann wirft die Sonne den kürzesten Schatten?

Morgens und abends, wenn die Sonne tief steht, sind die Schatten am längsten. Doch wann ist der Schatten eigentlich am kürzesten?

Du brauchst:

- Stock von etwa 40 cm Länge
- leere Flasche
- Papier
- Klebeband
- Bleistift
- Lineal

So geht's: Beginne diesen Versuch gegen 10 Uhr vormittags an einem wolkenlosen Tag. Suche dir eine Stelle mit glattem Boden, die über Mittag volle Sonne hat. Stelle den Stock in die Flasche; er soll oben nur noch ein kurzes Stück herausschauen. Klebe sechs DIN A 4-Blätter so zusammen, wie es die Zeichnung zeigt, lege sie auf den Boden und befestige sie mit Klebeband (1).

Stelle die Flasche so davor, dass der Stock einen Schatten aufs Papier wirft. Während der Schatten weiterwandert, markierst du mit dem Bleistift etwa alle zehn Minuten das Schattenende (2) und schreibst die jeweilige Uhrzeit dazu, ungefähr bis 14 oder 15 Uhr.

Warnung

Die Sonne ist sehr hell. Schaue daher niemals direkt hinein – erst recht nicht mit einem Fernglas: Du würdest sofort deine Augen schädigen, und zwar für immer!

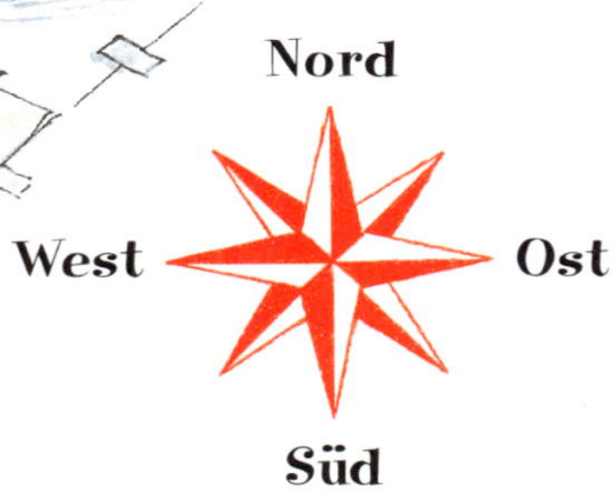

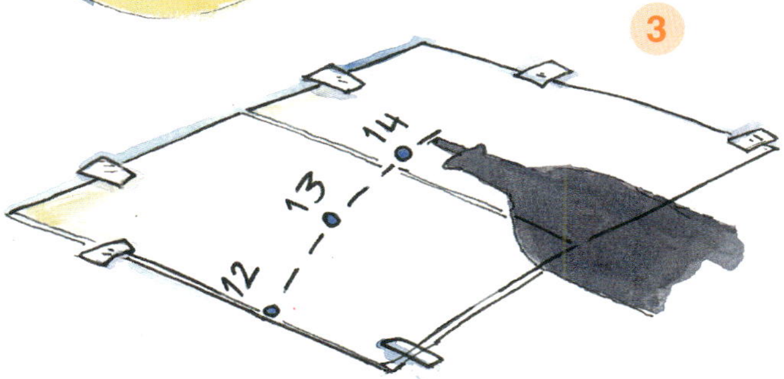

Miss jeweils mit dem Lineal die Schattenlänge. Die Markierungen bilden schließlich eine schwach gekrümmte Linie (3). Dort, wo sie dem Stock am nächsten kommt, war der Schatten am kürzesten.

Das zeigt: Die Sonne erreicht mittags den höchsten Punkt ihrer Bahn, sodass die Schatten am kürzesten sind. Ziehe von diesem Punkt eine Linie zum Stock. Verlängerst du sie, zeigt sie genau in die Himmelsrichtung, die man Süden nennt. Die Gegenrichtung heißt Norden, und quer dazu liegen Westen und Osten.

Die Sommerzeit

Schon gewusst?

Hast du diesen Versuch im Sommer ausgeführt? Dann hat es dich vielleicht gewundert, wieso die Sonne erst um 13 Uhr ihren Höchststand erreichte. Denn eigentlich hat man die Uhrzeiten so festgelegt, dass die Sonne jeweils um 12 Uhr mittags ihren höchsten Stand erreicht. Der Grund ist die „Sommerzeit“. In Deutschland werden an einem Sonntagmorgen Ende März alle Uhren Punkt 2 Uhr nachts auf 3 Uhr vorgestellt. Sie zeigen dann nicht mehr die normale Zeit an, sondern gehen eine Stunde vor. Ende Oktober wird dann wieder auf die normale Zeit umgestellt. Abends ist es so scheinbar eine Stunde länger hell (die Sonne geht zum Beispiel statt um 21 Uhr erst um 22 Uhr unter). Diese Umstellung betrifft natürlich nur alle elektrischen und mechanischen Uhren, nicht aber die Sonne selbst. Sie erreicht daher nur im Winter ihren Höchststand etwa um 12 Uhr, in der „Sommerzeit“ dagegen erst eine Stunde später.

Forscherfrage 13

Kann ein Schatten die Zeit anzeigen?

Schon vor einigen Tausend Jahren haben Menschen die Bewegung der Schatten während des Tages beobachtet und dies zum Einteilen des Tages in Stunden genutzt. Seither wurden viele Formen solcher Sonnenuhren erfunden. Diese hier ist recht einfach zu basteln.

Du brauchst:

- **fester Zeichenkarton**
- **Schere**
- **Klebstoff**
- **Kompass**
- **Filzstift**

So geht's: Schneide aus dem Karton ein Rechteck von 30 mal 20 cm Größe. Bastle dir außerdem ein Dreieck, wie es die Zeichnung zeigt (Seitenlängen: 120 mm, 77 mm, 92 mm). Du kannst es aus dem Buch abpausen und auf den Karton übertragen (1). Dieses Dreieck dient als Schattengeber.

Klebe das Dreieck mit etwas Klebstoff oder Knetmasse so auf den großen Karton, wie es die Zeichnung zeigt (2). Richte deine Sonnenuhr mit dem Kompass so aus, dass der Schattenzeiger genau in Nord-Süd-Richtung steht.

Jetzt musst du noch das Zifferblatt gestalten. Stelle die Uhr an einem sonnigen Tag auf und markiere mit dem Filzstift die Stellen, wo der Schatten gerade zur vollen Stunde steht (3).

2

3

Früher trugen viele Menschen kleine tragbare Sonnenuhren bei sich, um auf Reisen die Zeit ablesen zu können.

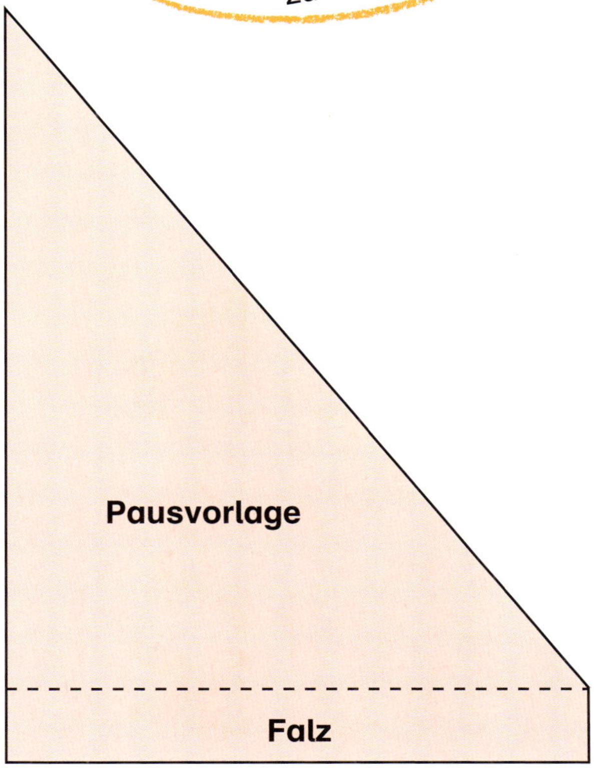

Am besten baust du dir zwei Sonnenuhren, eine für den Winter und eine für die Zeit, in der die Sommerzeit gilt. Sei aber nicht enttäuscht, wenn die Sonnenuhr dennoch nicht sehr genau geht. Mit viel höherem Aufwand kann man aber recht genaue Sonnenuhren bauen.

Tag und Nacht

Schon gewusst?

Die tägliche Bahn der Sonne über den Himmel ist dir nun vertraut. Aber warum sie morgens aufgeht und abends wieder verschwindet, ist noch nicht klar. Vor Jahrtausenden glaubten die Menschen, die Erde sei eine Scheibe, über der sich der Himmel mit Sonne, Mond und Sternen wölbt. Später erkannte man, dass die Erde eine Kugel ist. Aber man glaubte, diese Kugel würde fest im Zentrum des Weltalls stehen und Sonne, Mond und Sterne würden um sie herumkreisen (1).

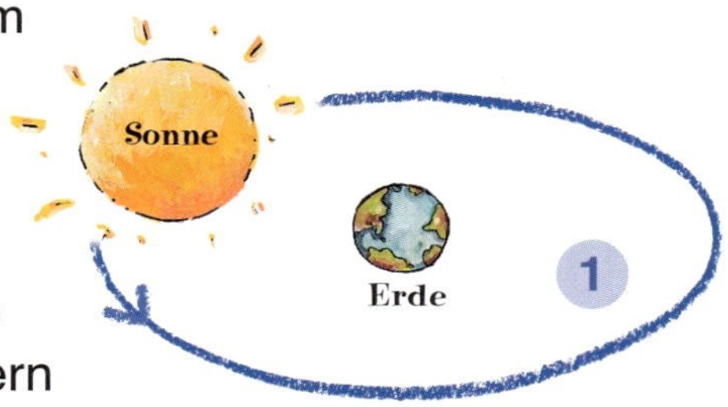

Erst seit etwa 400 Jahren hat sich die Erkenntnis durchgesetzt, dass die Erde keineswegs stillsteht, sondern sich ständig um sich selbst dreht und außerdem die Sonne umrundet (2).

Wir nennen die Zeit, die sie für eine volle Umdrehung braucht, einen Tag und teilen diese Zeit in 24 Stunden ein. Die Zeit, die die Erde für einen Umlauf um die Sonne braucht, nennen wir ein Jahr.

Forscherfrage 14

Wie kommen Tag und Nacht zustande?

Wenn die Erde sich im Schein der Sonne um sich selbst dreht, dann könnte das vielleicht den Lauf der Sonne über den Himmel erklären. Probiere es an einem Modell aus: Der Globus soll die Erde darstellen, eine Lampe dient als Sonne.

So geht's: Suche auf dem Globus Europa und klebe dort eine kleine Figur aus Knetmasse auf. Sie stellt einen Menschen auf der Erde dar, der den Sonnenlauf beobachtet. Du kannst zwar nicht sehen, was dieser Beobachter sieht, aber du kannst deine Vorstellungskraft einsetzen – und den Verlauf des Schattens beobachten. Baue die Lampe so auf, dass ihr Schein waagerecht durch den Raum verläuft, und stelle den Globus einige Meter entfernt in den Schein dieser „Sonne".

Du brauchst:
- **Globus**
- **Schreibtisch- oder Nachttischlampe**
- **Knetmasse**
- **dunkles Zimmer**

Drehe den Globus zunächst so, dass Europa im Schatten liegt. Dann trifft deine Figur kein Sonnenlicht, für sie ist Nacht. Drehe nun den Globus weiter und versuche dir vorzustellen, was deine Figur sieht. Wenn sie an den Rand der beschienenen Fläche kommt, wird für sie die Sonne aufgehen. Beim Weiterdrehen steigt die Sonne auf dem Himmel der Figur immer höher, um nach einem Höchststand („Mittag") wieder abzusinken – und schließlich geht sie unter. Für den Beobachter auf der Erde wird es nun Nacht.

Das zeigt: Die Figur auf dem Globus würde genau das beobachten, was du auch jeden Tag siehst. Weil sich die Erde im Laufe eines Tages einmal um sich selbst dreht, sehen wir jeden Tag, wie die Sonne auf- und wieder untergeht.

Andere Erdteile, andere Uhrzeiten

Für deinen Beobachter im vorigen Versuch war Mittag, wenn die Sonne am höchsten stand, wenn er also der Lampe am nächsten war. Zur gleichen Zeit aber wäre es für einen Beobachter in Nordamerika erst früher Morgen, für einen anderen Beobachter irgendwo in Asien dagegen ginge die Sonne schon unter.

Dein Versuch zeigt ganz deutlich: Zum gleichen Zeitpunkt haben andere Gebiete der Erde ganz andere Tageszeiten. Dort zeigen daher auch die Uhren eine andere Zeit an. Wenn es bei uns 12 Uhr mittags ist, zeigt zum Beispiel eine Uhr in New York erst 6 Uhr morgens an. Für die Bewohner von Los Angeles an der amerikanischen Westküste ist es sogar erst 3 Uhr nachts. Für einen Japaner in Tokio dagegen ist es schon 20 Uhr abends.

Die Erde ist deshalb in verschiedene Zeitzonen eingeteilt. Innerhalb einer Zone gilt die gleiche Zeit. Überschreitet man die Grenze zwischen zwei Zeitzonen, muss man seine Uhr um eine Stunde zurückstellen (wenn man Richtung Westen reist) oder vorstellen (wenn man Richtung Osten reist).

Quiz

Findest du mithilfe des Schaubildes heraus, welche Uhrzeit in Sydney ist, wenn wir in Berlin 8 Uhr morgens haben? Wie spät ist es in Tokio, wenn in New York Mitternacht ist?

Sydney: 17 Uhr, Tokio: 14 Uhr

Forscherfrage 15

Warum ist es morgens und abends kühler als tagsüber?

Und das auch an einem Tag, an dem von früh bis spät die Sonne vom Himmel strahlt. Klar: Morgens muss die Sonnenwärme erst Luft und Boden aufwärmen, die während der dunklen Nachtstunden abgekühlt sind. Aber sie wärmt auch in den Morgenstunden deutlich weniger als mittags. Und warum wird es abends selbst im Sonnenschein fühlbar kälter? Ob das vielleicht mit dem Stand der Sonne am Himmel zu tun hat?

So geht's: Lege den Zuckerwürfel auf das Papier. Halte die Taschenlampe zunächst nahezu senkrecht über das Papier, als ob Mittag wäre. Das Papier strahlt hell und der Schatten des Würfels ist kurz (1). Markiere den Rand der hellen Fläche mit dem Bleistift.

Beleuchte das Papier nun aus gleicher Entfernung schräg wie am Abend. Der Würfel wirft einen langen Schatten und die beleuchtete Fläche ist viel dunkler, aber auch größer (2).

Vergleiche auch die Wärmestrahlung: Gib eine pfefferkornkleine Menge Butter aufs Papier und halte es in etwa 10 cm Entfernung unter die helle Schreibtischlampe. Zähle die Sekunden, bis die Butter geschmolzen ist. Wiederhole dann den Versuch bei schräger Beleuchtung. Selbst bei gleicher Entfernung dauert es nun viel länger, bis die Butter geschmolzen ist.

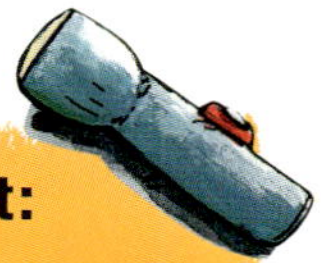

Du brauchst:
- Taschenlampe
- helle Schreibtischlampe mit Glüh- oder Halogenbirne
- Butter
- Uhr
- Blatt Papier
- Zuckerwürfel
- Bleistift

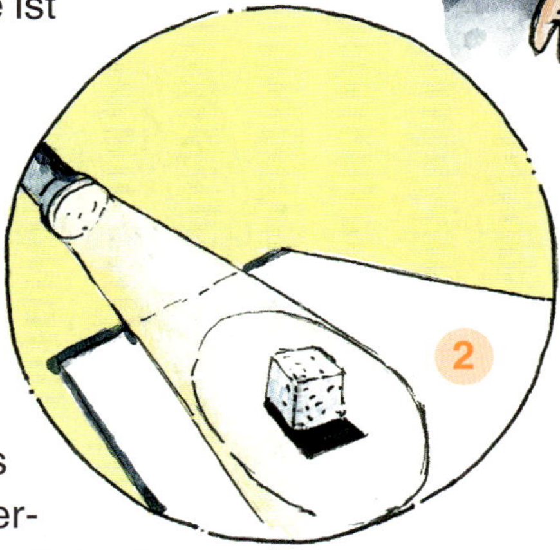

Das zeigt: Weil die Sonne morgens und abends niedrig steht, verteilen sich ihr Licht und ihre Wärmestrahlung auf eine größere Fläche der Erde. Also kommt pro Fläche weniger an. Zudem müssen die Strahlen der schräg stehenden Sonne einen besonders langen Weg durch die Lufthülle der Erde zurücklegen und verlieren dabei auch an Kraft, weil die Luft unterwegs einen Teil des Lichts und der Wärme schluckt.

Nichts für Luftikusse

Obwohl wir sie ständig einatmen, denken wir nur selten an die Luft, die uns umgibt. Das liegt vielleicht daran, dass die Luft so leicht und nachgiebig ist und unseren Bewegungen kaum Widerstand entgegensetzt. Dabei kann Luft gewaltige Lasten tragen, zum Beispiel, wenn sie zusammengepresst im Reifen eines Lastwagens steckt. Und sie kann mächtige Kräfte entfalten, wenn etwa ein Wirbelsturm ganze Dächer abdeckt oder Autos umherwirbelt. Grund genug, sich mit diesem eigenartigen, flüchtigen Stoff zu befassen.

„Luftikus" nennt man scherzhaft einen leichtfertigen und unbekümmerten Menschen.

Forscherfrage 16

Ist eine leere Flasche wirklich leer?

Wenn du hineinschaust, ist nichts zu sehen, drehst du sie um, fällt nichts heraus, und füllst du Wasser hinein, kannst du sie randvoll machen. Ist sie also leer?

Du brauchst:

- **leere Flasche (am besten eine Plastikflasche)**
- **große Schüssel**
- **Becher**

So geht's: Fülle die Schüssel voll Wasser und tauche die Flasche mit der Öffnung nach unten hinein. Eigentlich sollte das Wasser nun in die „leere" Flasche eindringen. Es steigt aber nur einige Millimeter hoch, auch wenn du die Flasche etwa in der Badewanne vollständig eintauchen würdest. Dasselbe erlebst du, wenn du einen Becher umgedreht ins Wasser tauchst – auch er füllt sich nicht.

Das zeigt: Flasche und Becher sind keineswegs leer, sondern mit Luft gefüllt. Sie ist zwar unsichtbar, braucht aber dennoch Raum. Du kannst die Luft leicht sichtbar machen: Halte die Flasche schräg, dann blubbert die Luft in Blasen heraus. Hältst du die Öffnung des vollständig mit Wasser gefüllten Bechers unter Wasser über die Blasen, kannst du sie auffangen.

1

2

Die luftige Hülle der Erde

Schon gewusst?

Man nennt solche flüchtigen Stoffe wie Luft „Gase“ (um sie von Flüssigkeiten wie etwa Wasser und Feststoffen wie Zucker oder Holz zu unterscheiden). Wir leben auf der Erde in einer gewaltigen Lufthülle. Diese Lufthülle oder „Atmosphäre“ reicht mehrere Hundert Kilometer hoch.

Allerdings wird die Luft nach oben hin rasch dünner und geht schließlich in den luftleeren Weltraum über. Schon in etwa neun Kilometern Höhe ist die Luft zu dünn zum Atmen.

Forscherfrage 17

Hat Luft ein Gewicht?

Eigentlich wiegt ja auf der Erde alles etwas. Selbst die leichtesten Dinge wie Staubkörnchen haben ein – wenn auch winzig kleines – Gewicht. Ob die Luft da eine Ausnahme macht? Aber wie könnte man Luft auf eine Waage legen, wo sie doch überall ist? Ein Trick macht dies möglich.

So geht's: Hänge den Kleiderbügel an ein Stück Garn. Er soll leicht beweglich sein und dient als Waage: Hängt er waagerecht, sind beide Arme gleich schwer, die Waage ist also im Gleichgewicht.

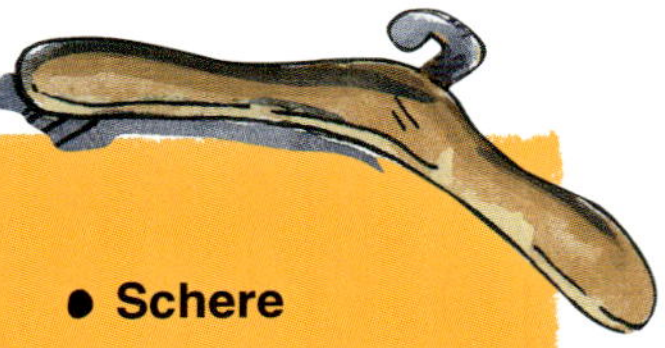

Du brauchst:

- Kleiderbügel
- Garn
- 2 Luftballons
- Schere
- Klebeband
- Nadel

Jetzt hängst du die Luft an die Waage, und zwar eingesperrt in zwei Luftballons (1). Sie sollten gleich groß und gleich stark aufgeblasen sein; die Öffnung knotest du zu. Befestige sie mit Klebeband an der Waage, und zwar so, dass sie gleich weit von der Mitte entfernt sind.

1

2

Klebe außerdem auf die Oberfläche beider Ballons ein daumenlanges Stück Klebeband. Die Waage sollte nun im Gleichgewicht sein, der Bügel also waagerecht hängen (2).

Nun entfernst du die Luft aus einem der Ballons. Dazu stichst du ein Loch durch das Klebeband-Stückchen ins Gummi (3). Das Klebeband verhindert (meistens), dass der Ballon platzt; die Luft entweicht zischend und die Waage senkt sich zur anderen Seite (4).

Das zeigt: Luft hat tatsächlich ein Gewicht, denn nachdem die hineingeblasene Luft aus dem Ballon geströmt ist, wurde er leichter.

Luftig leicht?

Mit einer genauen Waage kann man feststellen, dass ein Liter trockene Zimmerluft etwa 1,2 Gramm wiegt. Das ist nicht viel, ein Liter Wasser wiegt fast das Tausendfache. Weil wir aber unter einer dicken Luftschicht leben – nämlich der Lufthülle unserer Erde –, lastet die Luft tatsächlich mit vielen Kilogramm Gewicht auf uns. Man nennt dieses Gewicht, mit dem die Luft auf alles drückt, den „Luftdruck“. So leicht die Luft ist – die gesamte Luftsäule über einem Stück Erdoberfläche hat doch ein erstaunlich hohes Gewicht. Würde man die Luft wiegen, die sich über einer Fläche von einem Quadratmeter (also 1 x 1 Meter) der Erdoberfläche befindet, käme man auf etwa 10 000 Kilogramm!

Das ist das Gewicht von zwei ausgewachsenen Elefanten!

Forscherfrage 18

Kann man den Luftdruck spüren?

So leicht die Luft auch ist: Ihr Gewicht darf man offenbar doch nicht unterschätzen. Die viele Kilometer hohe Luftsäule über unseren Köpfen lastet mit einem gewaltigen Gewicht auf uns. Komisch, dass wir sie nicht spüren. Ob diese Kraft nicht doch irgendwie Wirkung zeigt?

Du brauchst:

- stabiles Lineal (mindestens 30 cm lang)
- Zeitung
- Tisch

So geht's: Lege ein Lineal so auf den Tisch, dass ein Teil über die Kante des Tisches hinausragt. Lege die zusammengefaltete Zeitung auf den Teil des Lineals, der auf dem Tisch liegt. Schlage nun auf das überstehende Linealstück (1) – was geschieht mit der Zeitung?

Breite nun die Zeitung ganz über dem Lineal aus (2) und versuche es noch einmal. Verblüffend, oder? Es gelingt kaum, die Zeitung anzuheben!

1

2

Das zeigt: Der Versuch zeigt, welch enorme Kraft die Luftsäule ausübt. Denn nicht die Zeitung ist zu schwer, sondern es ist fast unmöglich, die Luft, die über der Zeitung ist, nur mit einer raschen Bewegung des Lineals hochzudrücken.

Von allen Seiten

Wenn die Luft mit solchem Gewicht auf uns lastet, ist es eigentlich erstaunlich, dass sie uns nicht erdrückt. Vielleicht liegt es daran, dass die Luft uns von allen Seiten umgibt, also auch von allen Seiten (auch von innen her) drückt? Das ließe sich leicht feststellen: Dann müsste nämlich auf einem luftleeren Raum der volle Luftdruck lasten.

Wenn du aus einer Plastikflasche mit dem Mund so viel Luft heraussaugst, wie du kannst, wölbt sich die Wand nach innen – so als wenn etwas von außen darauf drückt. Außerdem hast du Mühe, sie wieder vom Mund zu ziehen. Nachdem du Luft hineingelassen hast, geht es dagegen ganz leicht. Das zeigt: Wir spüren den Luftdruck nicht, weil er von allen Seiten gleichmäßig wirkt. Saugt man aber aus einem Gefäß die Luft, spürt man die gewaltige Kraft des Luftdrucks.

Einen luftleeren Raum nennt man auch „Vakuum".

Das ist auch die Erklärung, warum du die flache Zeitung nicht hochheben konntest. Die Bewegung des Lineals erzeugte unter der Zeitung einen luftarmen Raum, weil die Außenluft nicht so rasch einströmen konnte. So drückte der Luftdruck mit voller Kraft. Das langsame Heben der Zeitung ist dagegen kein Problem.

Praktischer Luftdruck

Schon gewusst?

Im Alltag machen wir uns die Kraft des Luftdrucks oft unbewusst zunutze. Wenn du zum Beispiel aus einem Trinkhalm die Luft heraussaugst, drückt der Luftdruck, der auf der Flüssigkeit im Glas lastet, das Getränk von unten her in den Halm hinein, um den leeren Raum auszufüllen.

Füllst du eine Flasche mit Wasser und steckst sie dann mit der Öffnung nach unten in einen Eimer Wasser, läuft sie nicht leer: Der Luftdruck verhindert, dass sich über dem Wasser in der Flasche ein luftleerer Raum bildet. Auch Saughaken an der Wand haften ebenso wie die Deckel von Einweckgläsern, weil der Luftdruck sie festhält.

Forscherfrage 19

Steigt warme Luft nach oben?

Luft kann ziemlich viel Kraft entfalten, das haben deine Luftdruck-Versuche bewiesen. Sicher hast du auch schon einmal die Kraft eines Sturmwinds verspürt. Und du weißt auch, dass zusammengepresste Luft im Reifen sogar schwere Lastwagen trägt. Heiße Luft lässt sogar Ballons emporsteigen. Hoppla – wieso muss die Luft dazu eigentlich heiß gemacht werden? Hat heiße Luft etwa einen Drang in die Höhe?

So geht's: Um Luftbewegungen sichtbar zu machen, gibt es einen kinderleichten Trick: ein Windrad, wie man es im Spielwarenladen bekommt. Pustest du dagegen, versetzt der Luftstrom das Rad in Drehung.

Du brauchst:
- Windrad
- Kerze

Halte ein Windrad über eine heiße Herdplatte oder über eine brennende Kerze. Du solltest dabei aber darauf achten, dass es sich leicht dreht. Pass auch auf, dass du dich nicht verbrennst oder das Windrad Feuer fängt!

Das zeigt: Herdplatte und Flamme erzeugen einen Strom heißer Luft, die tatsächlich von selbst nach oben steigt und dabei das Windrad dreht.

Rauchzeichen

Normalerweise ist der warme Luftstrom über einer Flamme fast unsichtbar. Aber schau dir eine rußende Kerzenflamme einmal genau an: Die Rußteilchen steigen über der Flamme auf, weil die heiße Luft sie mitnimmt. Auch der Rauch von einem Lagerfeuer steigt dank der heißen Luftströmung nach oben. Und an Weihnachten dreht die heiße Luft der Kerzenflammen die Weihnachtspyramide. Je länger ein Schornsteinrohr ist, desto besser brennt unten das Feuer. Du kannst dir jetzt auch denken, warum: In einem hohen Schornstein strömt die Heißluft kraftvoll nach oben und zieht daher unten viel frische Luft in den Ofen – sie lässt das Feuer gut brennen.

Die tanzende Schlange

Du brauchst:

- **Papier (Zeichenkarton)**
- **Bleistift**
- **Buntstifte** • **Schere**
- **Garn** • **Klebeband**

Du kannst die aufsteigende Warmluft über der Heizung zum Antrieb eines lustigen Spielzeugs nutzen:

So geht's: Zeichne dir nach dem Bild eine Schlange aufs Papier, male sie schön bunt an und schneide sie aus. Befestige dann am Schwanz mit Klebeband ein Stück Garn und hänge sie über die warme Heizung: Sie wird sich, angetrieben von der aufsteigenden Luft, munter drehen.

Thermik

Schon gewusst?

... dass nicht nur Heißluftballons, sondern auch Segelflugzeuge das Aufsteigen erwärmter Luft zum Fliegen nutzen? Sie lassen sich nämlich von der „Thermik" in die Höhe tragen. Die Thermik ist nichts anderes als die warme Luft, die von sonnenbeschienenen Feldern und Wiesen aufsteigt.

Forscherfrage 20

Warum steigt ein Heißluftballon auf?

Warme Luft steigt empor, okay. Aber warum eigentlich? Eine Luftblase steigt im Wasser auf, weil sie leichter ist als Wasser. Ob warme Luft auch aufsteigt, weil sie leichter ist als kalte Luft? Am besten, du wiegst einmal nach.

Bei diesem Versuch sollte ein Erwachsener in der Nähe sein!

Du brauchst:

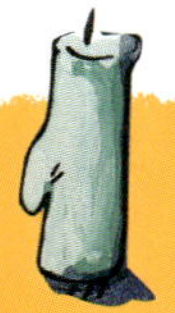

- Kleiderbügel
- Garn

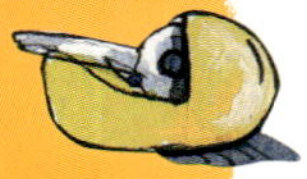

- Schere
- Klebeband
- Alufolie
- Kerze

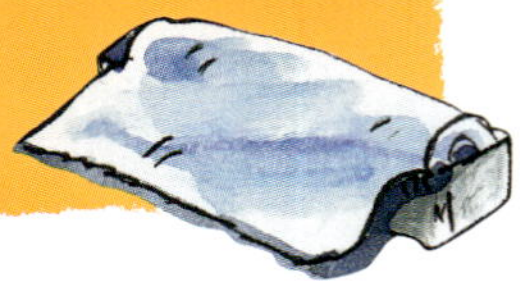

So geht's: Der Kleiderbügel dient als Waage. Hänge ihn an einem Stück Garn so auf, dass er sich frei bewegen kann. Forme zwei große Tüten aus zwei gleich großen Stücken Alufolie und hänge sie mit Klebeband an die Waage, und zwar mit der Öffnung nach unten

und gleich weit entfernt von der Mitte des Bügels. Die Waage sollte jetzt im Gleichgewicht sein (sonst hilf mit einigen Stückchen Klebeband als Zusatzgewichte nach).

Zünde nun die Kerze an und halte sie unter eine der Tüten. Die aufsteigende Warmluft füllt diese Tüte und verdrängt dabei die kältere Luft in der Tüte. Diese Seite der Waage steigt empor. Nimm jetzt die Kerze weg: Die Waage kommt nicht sofort wieder ins Gleichgewicht, sondern erst nach einigen Minuten, wenn die warme Luft in der Tüte abgekühlt ist.

Das zeigt: Warme Luft ist also wirklich leichter als kalte. Daher ist die mit Warmluft gefüllte Tüte leichter als die mit kalter Luft. Es gibt auch nicht etwa eine geheimnisvolle Kraft, die von der Flamme ausgeht und die Tüte nach oben drückt. Denn dann hätte die Waage sofort ins Gleichgewicht kommen müssen, nachdem du die Flamme entfernt hast.

Leichte Gase

Für Schlaumeier

Warme Luft ist nur leichter als kalte Luft, solange sie warm bleibt. Es gibt aber zwei Gase, die von Natur aus viel leichter sind als Luft: Wasserstoff und Helium. Beide Gase wurden zum Füllen von Ballons und Luftschiffen verwendet. Wasserstoff ist das leichteste aller Gase, es gibt einem Luftschiff daher auch die höchste Tragfähigkeit.

Leider ist Wasserstoff sehr leicht brennbar und kann im Gemisch mit Luft sogar explodieren. Seit 1937 das Luftschiff „Hindenburg“ bei der Landung verbrannt ist, füllt man Gasballons und Luftschiffe mit dem unbrennbaren Heliumgas.

Für Hitzköpfe & coole Typen

Im Sommer, wenn die Sonne warm scheint, wird uns heiß und wir schwitzen. Auch in einem Zimmer wird es warm, wenn man die Heizung aufdreht. Im Winter dagegen ist die Luft im Freien meist besonders kühl, und statt Regen fällt Schnee. Auch Eis ist kalt, eine Kerzenflamme dagegen so heiß, dass man sich die Finger daran verbrennen kann. Jeder fühlt Wärme und Kälte am eigenen Körper. Doch was ist „Wärme“ eigentlich? Und was hat die Temperatur damit zu tun?

Forscherfrage 21

Wie bestimmt man, was warm oder kalt ist?

Ganz einfach, wirst du sagen: Man fühlt es schließlich. Aber kannst du nur mit der Hand die Temperatur, also den Wärmegrad, einer Schüssel mit Wasser bestimmen? Probiere es aus!

Du brauchst:

- **3 große Schüsseln**
- **einige Eiswürfel aus dem Gefrierfach**

So geht's: Stelle die drei Schüsseln vor dir auf. Fülle die linke mit eiskaltem Wasser, in das du einige Eiswürfel gibst. In die rechte schüttest du warmes Wasser (etwa wie Badewasser), und in die mittlere gibst du gleich viel warmes und kaltes Wasser.

Stecke nun eine Hand ins eiskalte und die andere ins warme Wasser und zähle langsam bis zehn. Dann tauchst du beide Hände in die mittlere Schüssel. Ist das Wasser nun warm oder kalt? An einer Hand fühlt es sich wahrscheinlich warm, an der anderen kalt an.

Das zeigt: Unser Körper ist zum genauen Bestimmen der Temperatur offensichtlich ungeeignet. Er spürt, ob es wärmer oder kälter wird – und meistens reicht das ja aus. Unsere Haut besitzt Millionen feinster Sinnesorgane für Kälte- und Wärmereize. Richtig Alarm geben sie bei tiefen und hohen Temperaturen, die die Haut gefährden. Im mittleren Bereich zwischen Zimmer- und Badewassertemperatur melden sie zwar etwaige Veränderungen, aber nur kurzzeitig.

Wärmequellen

Schon gewusst?

Hast du mal überlegt, warum eine Kerzenflamme Wärme spendet? Eine Kerze ist ja eher kalt. Aber sie besteht aus einem Material (Kerzenwachs), das beim Verbrennen Wärme erzeugt. Das tun auch Kohle, Holz, Öl, Benzin, Papier und viele andere. Auch unsere Nahrung enthält Stoffe, die der Körper nutzt, um daraus seine Körperwärme zu gewinnen. Auch unser Körper ist also eine Wärmequelle. Eine für uns besonders wichtige, wenn auch weit entfernte Wärmequelle ist die Sonne. Ohne ihre wärmenden Strahlen wäre es auf der Erde bitterkalt.

Forscherfrage 22

Wie baut man ein Thermometer?

Forscher geben sich nicht mit ungefähren Angaben zufrieden, sie wollen es genau wissen. Daher haben sie Messinstrumente erfunden, mit denen man die Temperatur exakt feststellen kann – die Thermometer.

Du kannst ein einfaches Thermometer leicht selbst bauen. Es nutzt die Tatsache, dass sich Luft beim Erwärmen ausdehnt, also mehr Raum beansprucht und so den Wasserstand in einem Röhrchen verändert.

Du brauchst:

- enghalsige kleine Flasche
- (möglichst durchsichtiger) langer Trinkhalm
- Knetmasse
- Tinte
- Papier
- Klebeband
- Filzstift
- Thermometer

So geht's: Fülle die Flasche einige Zentimeter hoch mit Wasser, das du mit einigen Tropfen Tinte einfärbst. Stecke den Trinkhalm in die Flasche bis fast auf den Boden (1) und befestige ihn am Flaschenhals mit einem luftdichten Kragen aus Knetmasse (2). Fülle nun noch einige Tropfen gefärbtes Wasser in den Halm, bis es wenige Zentimeter unter der Öffnung steht. Klebe etwas Papier hinter das herausschauende Stück Halm.

Stelle dein Thermometer zusammen mit einem Zimmerthermometer für etwa zwei Stunden an verschieden warme und kalte Orte, lies jeweils die Anzeige des Zimmerthermometers ab und schreibe die entsprechende Gradzahl neben den jeweiligen Wasserstand im Trinkhalm (3). Zwischenwerte kannst du schätzen. Nun kannst du immer die jeweilige Temperatur ablesen.

Für Schlaumeier

Die Skala des Herrn Celsius

Thermometer nützen nichts, wenn man ihre Anzeigen nicht vergleichen kann. Daher hat man bestimmte „Temperaturskalen“ festgelegt. Wir benutzen hierzulande die „Celsius-Skala“, benannt nach dem schwedischen Physiker Anders Celsius, der von 1701 bis 1742 lebte. Danach siedet Wasser bei 100 Grad Celsius und gefriert bei 0 Grad Celsius zu Eis. Temperaturen unter 0 Grad Celsius werden mit einem Minuszeichen vor der Zahl angegeben.

Schon gewusst?

... dass ein Blitz bis zu 30 000 Grad Celsius heiß ist, die Sonne dagegen „nur“ rund 5 000 Grad? Lava quillt mit etwa 800 bis 1 200 Grad aus einem Vulkan, und auch eine Kerzenflamme erreicht immerhin über 800 Grad. Die Lufttemperatur bei uns kann an einem sehr heißen Sommertag auf über 40 Grad ansteigen, in der Wüste muss man sogar mit über 60 Grad rechnen.

Temperatur ist nicht alles

Vielleicht fragst du dich jetzt: Warum kann zum Beispiel eine Kerze allein kein kaltes Zimmer heizen – obwohl ihre Flamme über 800 Grad heiß ist? Warum braucht man dafür ein großes Kaminfeuer oder einen Ofen? Und warum reicht es nicht, ein Glas mit heißem Wasser in eine Badewanne voll kaltem Wasser zu schütten, um angenehm lauwarmes Badewasser zu bekommen?

Die Temperatur ist offenbar nicht allein entscheidend, es kommt auch auf die Wärmemenge an, die in einem Stoff steckt. Eine kleine Kerzenflamme gibt nur eine kleine Wärmemenge ins Zimmer ab, ein großes Feuer dagegen viel mehr. Ein Liter warmes Wasser enthält eine kleinere Menge an Wärme als ein Liter heißes Wasser. Und in zehn Litern warmem Wasser steckt zehnmal so viel Wärme wie in einem Liter Wasser mit der gleichen Temperatur.

Forscherfrage 23

Kann man Wasser in einer Papiertüte erhitzen?

Es gibt einen Versuch, der auf verblüffende Weise den Unterschied zwischen Temperatur und Wärmemenge zeigt. Du weißt, dass Papier an einer Kerzenflamme sofort Feuer fängt. Dennoch kann man in einer Papiertüte Wasser zum Kochen bringen.

Achtung, verbrenne dich nicht an der Flamme und verbrühe dich nicht am heißen Wasser oder Dampf! Halte etwas zum Löschen bereit, falls die Tüte Feuer fängt! Blase die Kerze nach dem Versuch gleich aus!

So geht's: Schneide den Briefumschlag zu einer Papiertüte zurecht. Fülle einige Esslöffel kaltes Wasser hinein und klemme die Wäscheklammer so an die Tüte, dass du sie halten kannst, ohne dich zu verbrennen.

Du brauchst:
- Briefumschlag
- Schere
- Wäscheklammer aus Holz
- Teelicht

Bei diesem Versuch sollte ein Erwachsener in der Nähe sein!

Halte nun die Spitze der Tüte über die Kerzenflamme. Du musst dabei aufpassen, dass nur der wassergefüllte Teil der Tüte in die Nähe der Flamme kommt! Nach wenigen Minuten beginnt das Wasser zu sieden.

2

Das zeigt: Das Papier verbrennt nicht, weil es durch das Wasser nicht heiß genug dafür wird. Stattdessen nimmt das Wasser die ganze Wärme auf, die die Flamme liefert. Und Wasser wird nicht heißer als etwa 100 Grad Celsius. Dann siedet es. Das bedeutet: Alle Wärme, die die Flamme liefert, verbraucht das Wasser, um sich in Wasserdampf zu verwandeln. Erst wenn alles Wasser verdampft ist, steigt die Temperatur wieder, und dann würde schließlich auch die Tüte verbrennen.

Forscherfrage 24

Fließt Wärme durch alle Stoffe gleich gut?

Wärme, das hat der vorherige Versuch gezeigt, kann verschiedene Stoffe durchdringen, hier etwa das Papier. Auch Metall stellt offenbar kein Hindernis dar, sonst wäre ein Ofen nicht außen heiß, obwohl nur innen Feuer brennt. Gibt es vielleicht auch Stoffe, die Wärme schlecht leiten?

Du brauchst:

- Butter
- Linsen
- Glas
- heißes Wasser
- jeweils einen Löffel aus Metall, aus Plastik und aus Holz

Bei diesem Versuch sollte dir ein Erwachsener helfen!

So geht's: Klebe in gleicher Höhe mit etwas Butter je eine Linse auf die drei Löffel. Stelle die Löffel in das Glasgefäß. Fülle dann das Glas halb voll mit heißem Wasser, ohne dass es die Linsen berührt. Beobachte nun, was geschieht.

Welche Linse fällt zuerst vom Löffel ab, weil die Butter geschmolzen ist?

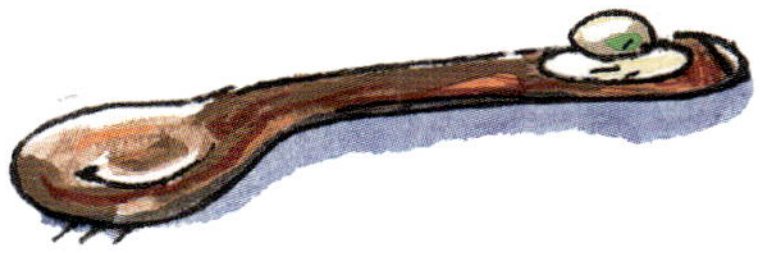

Das zeigt: Die Wärme des Wassers wandert durch die Löffel nach oben. Dort steigt daher nach und nach die Temperatur. Ist die Temperatur erreicht, bei der die Butter schmilzt, fällt die Linse ab. Der Versuch zeigt, dass Metall Wärme am besten leitet, Plastik und Holz deutlich schlechter.

Für Schlaumeier

Kalte Steine und Türklinken

Wärme fließt immer von wärmeren zu kälteren Orten. Wie gut die Wärme dabei weitergeleitet wird, hängt mit der Art des Stoffes zusammen, durch den sie fließt. Metalle leiten Wärme besonders gut. Daher fühlt sich auch eine Türklinke viel kühler an als die Holztür selbst, obwohl beide im gleichen Zimmer sind und daher auch die gleiche Temperatur besitzen. Aber die Klinke leitet die Wärme deiner Hand rasch ab und das fühlst du als „kühl“. Auch wenn du barfuß über Fliesen läufst, fühlen sie sich kühl an; Stein leitet Wärme ganz gut. Holz dagegen leitet schlecht, daher fertigt man Kochlöffel und Topfgriffe gern aus Holz.

Forscherfrage 25

Warum hält ein Pullover warm?

Wenn du einen Pullover oder ein flauschiges Handtuch anfasst, merkst du, dass sie sich warm anfühlen. Noch stärker ist dieses Wärmegefühl bei dem verbreiteten Verpackungsmaterial Styropor. Liegt das vielleicht daran, dass diese Stoffe Wärme besonders schlecht leiten?

So geht's: Fülle in jedes der drei Gläser warmes Wasser (etwa Badewannentemperatur) und schraube sie zu. Das erste Glas stellst du in den Karton und umhüllst es mit vielen Stückchen Styropor oder zerknülltem Zeitungspapier, auch oben und unten (1). Das zweite wickelst du sorgfältig in das Handtuch ein. Das dritte bleibt wie es ist.

Du brauchst:
- Handtücher
- Styropor oder Zeitung
- 3 leere Honiggläser mit Deckel
- kleiner Karton
- Thermometer

Stelle jetzt alles in den Kühlschrank (2) und überprüfe nach einer Viertelstunde die Wassertemperatur der Gläser mit dem Thermometer (3). Das Wasser in den eingewickelten Gläsern ist noch deutlich wärmer als im dritten Glas.

Das zeigt: Die Styroporumhüllung (oder das Zeitungspapier) und das Handtuch leiten die Wärme des warmen Wassers offenbar besonders schlecht. Daher bleibt das Wasser viel länger warm. Solche Stoffe nennt man „wärmeisolierend“. Styropor etwa nutzt man für die Wärmeisolation von Häusern: Es sorgt dafür, dass die Heizungswärme nicht so rasch ins Freie entweicht. Und Kleidung lässt die Körperwärme wenig durch und hält so den Körper warm.

Für Schlaumeier

Eingesperrte Luft

Wärmeisolierende Stoffe enthalten meist kleine, mit Luft gefüllte Hohlräume. Styropor besteht aus luftgefüllten Kunststoffbläschen. Auch Kleidung hat zahlreiche Lufttaschen. Weitere Luft ist zwischen Körper und den verschiedenen Kleidungsschichten eingeschlossen. Solche „eingesperrte“ Luft isoliert, wie der Versuch zeigt, viel besser als Luft an sich. Denn das dritte Glas ist zwar auch von Luft umgeben, aber sie kann sich frei bewegen: Ständig steigt die vom Glas erwärmte Luft auf und trägt Wärme davon, zudem lässt sie kühlere nachfließen.

Tipp: Wenn du eine Packung Eis vom Supermarkt nach Hause bringen möchtest, ohne dass es schmilzt, wickele sie in mehrere Lagen Zeitungspapier ein. Die vom Papier eingeschlossene Luft hält das Eis gut kühl.

Von Regenschirmen & Wasserläufern

Wasser ist eine eigenartige Flüssigkeit. Es fließt ohne Probleme durch dicke Rohre und dünne Schläuche. Aber durch einen Regenschirm kommt es nicht durch. Und kein Mensch hat es bisher geschafft, auf dem Wasser zu gehen. Aber manche Insekten, wie etwa die „Wasserläufer", sausen auf der Wasseroberfläche umher und sinken nicht ein. Was hat es mit den besonderen Eigenschaften des Wassers auf sich?

Forscherfrage 26

Warum wird man unter einem Schirm nicht nass?

Klar: Manche Schirme bestehen aus einfacher Plastikfolie – durch sie dringt natürlich kein Wasser. Aber die besseren Schirme sind, ebenso wie Zelte, aus Stoff. Schaust du dir einen solchen Schirm genau an, erkennst du lauter winzige Löcher zwischen den Fäden. Und trotzdem kann man damit im Regen spazieren gehen und wird nicht nass. Halten feine Löcher das Wasser irgendwie zurück?

Du brauchst:

- **Taschentuch aus Stoff (zum Beispiel Baumwolle)**
- **Becher (etwa leerer Jogurtbecher)**
- **Gummiband**

1

2

So geht's: Fülle den Becher mit Wasser und feuchte auch gleich das Taschentuch an. Lege es über die Becheröffnung und befestige es mit dem Gummiband. Dreh den Becher um: Läuft das Wasser aus?

Das zeigt: Tatsächlich kann Wasser nicht so einfach durch so feine Löcher fließen. Eine weitere Beobachtung bringt dich der Lösung des „Wassertropfenrätsels“ näher ...

Tipp:

Schau dir einmal das Wasser, das auf einen Schirm geregnet ist, genau an. Fällt dir etwas auf? Es bildet Tropfen, meist sogar recht große. Oft laufen auch kleine Tropfen zu einem großen zusammen. Berühre einen großen Tropfen vorsichtig mit dem Finger. Er gibt nach wie ein wassergefüllter Plastikbeutel und schnellt wieder in seine Form zurück.

Forscherfrage 27

Warum sinkt ein Wasserläufer nicht ein?

So ein Insekt ist zwar leicht, aber ein bisschen Gewicht hat es schließlich auch. Ob vielleicht das Wasser eine feine durchsichtige Haut an seiner Oberfläche bildet, etwa so wie erhitzte Milch? Dann müsste man dieses Häutchen sehen oder sogar herausfischen können.

So geht's: Fülle das Glas randvoll mit Wasser. Schätze zuvor, wie viele Münzen das gefüllte Glas noch aufnehmen kann, bis es überläuft. Lass nun vorsichtig eine Münze nach der anderen in das Wasser gleiten (1).

Du brauchst:
- Glas
- eine Handvoll Münzen, am besten 2- und 5-Cent-Stücke
- Büroklammern
- Gabel

Du wirst erstaunt sein, wie viele Münzen in das Gefäß gehen! Das Glas läuft zunächst keineswegs über, sondern das Wasser bildet einen kleinen Berg (2). Es sieht tatsächlich wieder so aus, als ob das Wasser von einer feinen Haut überzogen ist.

2

1

Wie stabil mag dieses Häutchen wohl sein? Probiere ganz vorsichtig, eine Büroklammer oder eine feine Nähnadel auf die Oberfläche zu legen, ohne dass sie untergeht (3). Doch wenn du einen Finger ins Wasser tauchst, ist von einem Widerstand – wie etwa bei einer Plastikfolie – nichts zu spüren. Und auch wenn du mit einer Gabel durchs Wasser fährst, bleibt an den Zinken keine Haut haften.

Das zeigt: Die Wasseroberfläche weist, wie du siehst, eine seltsame Spannung auf und kann sogar kleine Gewichte tragen. Du hast bestimmt auch bemerkt, dass Wasser möglichst beisammenbleibt und sich nur ungern teilt.

Tipp: Der Versuch funktioniert nur, wenn das Glas ganz sauber ist und vor allem frei von Spülmittel oder Seife. Also vor dem Versuch mehrmals mit klarem Wasser spülen!

Starker Zusammenhalt

Schon gewusst?

Tatsächlich bildet Wasser keine Haut. Aber die kleinsten Wasserteilchen (die Wasser-„Moleküle“) haften ungewöhnlich fest aneinander und möchten sich gar nicht gerne von ihren Nachbarn trennen. Das wirkt sich so aus, dass das Wasser wie von einer Haut überzogen scheint. Man nennt diesen Effekt die „Oberflächenspannung“.

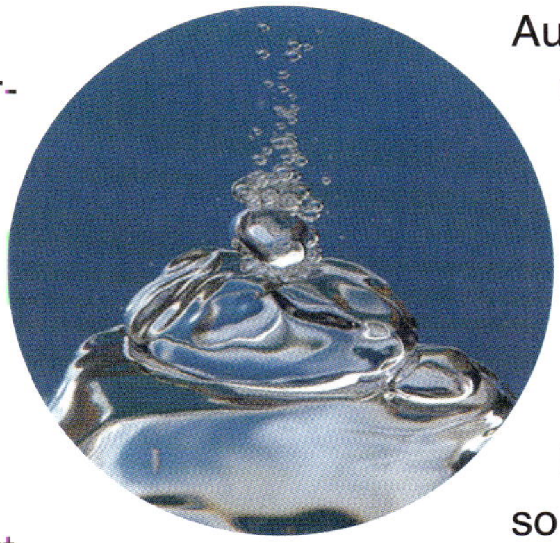

Ein Wassertropfen versucht immer, eine Form anzunehmen, bei der möglichst wenige der Teilchen an der Oberfläche sitzen. Das liegt an der starken Anziehungskraft zwischen den Wasserteilchen: Die Teilchen im Inneren ziehen stets an den Oberflächenteilchen. Und welche Form hat die kleinstmögliche Oberfläche? Die Kugel!

Aus dem gleichen Grund ist eine ungestörte Wasseroberfläche meist glatt. Denn die Anziehungskräfte ziehen jeden kleinen Wasserberg rasch wieder zurück – und schaffen so eine glatte Oberfläche.

Daher spalten sich auch nicht so leicht kleinste Tröpfchen ab, um etwa durch die feinen Löcher eines Regenschirms zu dringen. Lieber bleiben sie als Tropfen an der Oberfläche beisammen. Wenn du allerdings deinen Finger ins Wasser tauchst, überwindest du leicht ihre Anziehungskräfte und drückst sie auseinander.

Das Gewicht eines leichten Wasserläufers aber reicht dafür nicht.

Forscherfrage 28

Wieso stört Seife die Oberflächenspannung?

Sicher hast du dich gewundert, warum das Glas beim vorherigen Versuch unbedingt frei von Spülmittel sein sollte. Doch der Tipp hat einen guten Grund. Probiere selbst, wie Seife wirkt.

Du brauchst:
- Glas- oder Porzellanschüssel
- gemahlener Pfeffer oder Mehl
- Geschirrspülmittel oder Seife

So geht's: Spüle die Schüssel gründlich mit klarem Wasser aus dem Hahn aus und fülle sie dann etwa zur Hälfte mit kaltem Wasser. Streue etwas fein gemahlenen Pfeffer oder Mehl gleichmäßig über die Wasseroberfläche (1). Wie erwartet, bleibt das Pulver wegen der Oberflächenspannung wie auf einem dünnen Häutchen liegen.

Nimm nun etwas Seifenlösung oder ein Tröpfchen Spülmittel an deinen Finger (2) und tauche ihn in der Mitte der Schüssel ein. Blitzschnell werden die Pfeffer- oder Mehlkörnchen an den Rand schießen (3).

1

2

Das zeigt: Seife und Spülmittel zerstören die Oberflächenspannung des Wassers. Denn sie verringern die gegenseitige Anziehungskraft der kleinsten Wasserteilchen. Die Seifenmoleküle lagern sich nämlich um die einzelnen Wasserteilchen und schirmen sie nach außen ab.

Das geschieht blitzschnell: Kommt das Wasser mit dem Spülmittel in Berührung, reißt das „Häutchen" – vergleichbar dem Gummihäutchen eines platzenden Luftballons – und nimmt die Pfeffer- oder Mehlkörnchen mit.

Eine saubere Sache

Schon gewusst?

Seife und Spülmittel reinigen, weil sie die Oberflächenspannung des Wassers verringern. Dadurch halten die Wassermoleküle nicht mehr so sehr aneinander fest, sondern schieben sich zwischen die Schmutzteilchen und den Untergrund und lösen sie ab. Zudem umhüllen die Seifenmoleküle die Schmutzteilchen, Öl- und Fetttröpfchen und hindern sie daran, sich wieder festzusetzen.

Forscherfrage 29

Wieso läuft Tee beim Einschenken an der Kanne herunter?

Schon eigenartig, diese starke Anziehungskraft zwischen den Wasserteilchen. Ob sich diese Eigenschaft nur auf andere Wasserteilchen erstreckt? Oder ob sich die Wasserteilchen auch von anderen Dingen angezogen fühlen?

Du brauchst:
- **Messbecher**
- **Schnur**
- **Kerze**
- **Glas**

So geht's: Fülle den Messbecher mit Wasser und lege die Schnur über den Rand, wie in der Zeichnung (1). Jetzt gieße langsam das Wasser aus dem Messbecher. Es wird an der Schnur entlangfließen (2). Tauche die Kerze in das mit Wasser gefüllte Glas und ziehe sie wieder heraus (3). Das Wasser perlt in Tropfen ab. Ähnlich ist es bei einem fettigen Teller oder einem Stück Butter.

1

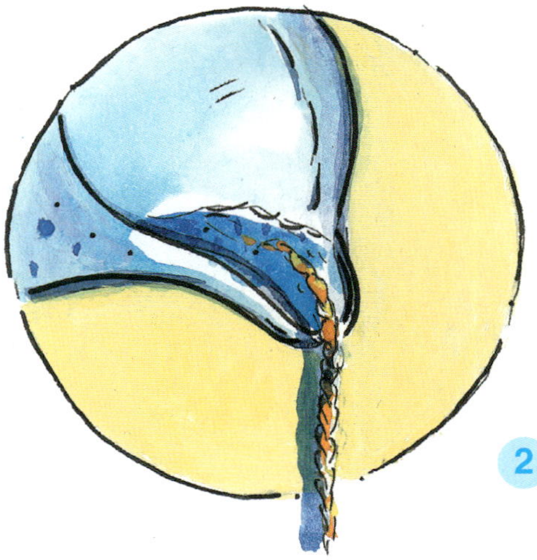

2

Das zeigt: Auch zwischen Wasserteilchen und vielen anderen Stoffen ist die Anziehung stark. Das Wasser bleibt an ihnen „hängen“. Die Anziehungskräfte zwischen Wasser und dem Porzellan der Teekanne sind auch dafür verantwortlich, dass Tee bisweilen an der Kanne herunterläuft statt direkt in die Tasse.

Anziehungskräfte

Die Anziehungskräfte zwischen Wasser und anderen Stoffen begegnen uns vielfach im Alltag. Wasser wirkt bisweilen fast wie ein schwacher Klebstoff, zum Beispiel liegen nasse Haare glatt aneinander. Und wer einen Faden durch ein Nadelöhr fädeln will, feuchtet ihn kurz mit Spucke an. Wenn du ein kleines glattes Stück Plastik hast, zum Beispiel ein Stück Plastikfolie, kannst du es ja mal mit etwas Wasser auf einen Spiegel legen – du musst richtig ziehen, um es wieder loszubekommen.

Klebstoffe übrigens sind Stoffe mit ganz besonders großen Anziehungskräften. Daher haften sie gut an Oberflächen, und die Klebefilme lassen sich auch selbst nicht so leicht auseinanderreißen. Es gibt aber andererseits auch Stoffe wie Wachs oder Fett, die für das Wasser wenig Anziehungskraft besitzen. Sie werden daher nicht nass, stattdessen perlt das Wasser in Tröpfchen ab.

3

Fachausdrücke

Physiker haben für die Kräfte zwischen den Stoffen spezielle Namen geprägt. Die Anziehungskraft innerhalb eines Stoffes – also etwa zwischen den Wassermolekülen – nennt man „**Kohäsion**“. Kräfte zwischen verschiedenen Stoffen – etwa Wasser und Porzellan der Teekanne – heißen dagegen „**Adhäsion**“. Es ist wichtig, zwischen diesen Ausdrücken zu unterscheiden. Denn die jeweiligen Kräfte sind bei verschiedenen Stoffen ganz unterschiedlich groß.

Übrigens:
Ohne die unterschiedlichen Anziehungskräfte in der Molekülwelt würden alle Dinge zu Staub zerfallen.

Forscherfrage 30

Warum werden Enten im Wasser nicht nass?

Wo sie doch ständig im Wasser herumpaddeln und oft sogar untertauchen. Dennoch perlt das Wasser von ihrem Gefieder stets in Tropfen wieder ab, ähnlich wie beim vorigen Versuch von Kerze oder Fett. Ob Federn etwa auch irgendwie fettig sind?

Du brauchst:

- 2 Federn von Wasservögeln (findet man etwa am Stadtparksee)
- Spülmittel
- Speiseöl
- 2 Teller

So geht's: Tauche die Federn zunächst in reines Wasser und ziehe sie wieder heraus. Sie sind nicht nass, sondern lassen das Wasser abperlen (1).

1

2

Wenn Federn fettig sind, müsste man das Fett mit Seife abwaschen können. Fülle einen Teller mit warmem Wasser, in dem du etwas Spülmittel oder Seife verrührst. Ziehe eine der Federn einige Male hindurch, sodass das Wasser in alle Ritzen dringt, und bewege sie mehrfach hin und her (2). Spüle sie dann unter dem Wasserhahn ab. Beobachte: Perlt das Wasser jetzt immer noch so leicht ab?

Fülle einige Teelöffel voll Speiseöl in den Teller und tauche die andere (nicht mit Seifenwasser behandelte) Feder hinein (3). Beim Herausziehen siehst du: Sie hat sich mit Öl vollgesogen und ist jetzt viel schwerer als vorher (4).

Das zeigt: Das Gefieder eines Vogels ist tatsächlich immer etwas fettig. Das ist für den Vogel lebenswichtig, denn nur so kann das Gefieder schön leicht und luftig bleiben und vor Wasser schützen.

3

4

So trägt das Gefieder den schwimmenden Vogel wie einen Schwimmring und schützt ihn zudem vor Kälte. Den Landvögeln macht dadurch der Regen wenig aus. Die Seife wäscht den Fettfilm ab, sodass Wasser in die Feder eindringt. Und vor dem fettähnlichen Öl schützt der Fettfilm sowieso nicht.

Vögel in Gefahr

Vögel besitzen am Schwanz eine spezielle Drüse, die Bürzeldrüse, die eine ölige Flüssigkeit absondert. Beim Putzen verteilt der Vogel sie über sein Gefieder und macht es so wasserfest.

Gefährlich für Seevögel ist Erdöl. Es ist leichter als Wasser und schwimmt daher an der Oberfläche. Solch eine „Ölpest“ ist meist Folge eines Tankerunglücks. Leider pumpen aber auch manche Tanker Ölreste auf hoher See einfach über Bord. Was geschieht, wenn ein Vogel in die Öllache gerät, hat der Versuch gezeigt: Das Öl dringt in das Gefieder ein. Der Vogel ertrinkt oder, falls er sich noch ans Ufer retten kann, erfriert. So sind schon Tausende von Vögeln einer Ölpest zum Opfer gefallen.

Rot, Blau, Gelb – kunterbunte Welt

Die Welt ist voller Farben: Über uns strahlt der blaue Himmel, Blätter leuchten in sattem Grün, Blüten werben mit allen denkbaren Farbtönen um Insektenbesuch, reife Früchte schimmern in Gelb, Blauviolett oder Rot aus dem grünen Laub. Viele Tiere wie Schmetterlinge und Vögel lassen wunderschöne Farben aufblitzen. Und auch der Mensch liebt die Farben: Zeitschriften, Bücher, Film oder Fernsehen können wir uns ohne Farbe kaum noch vorstellen. Zudem setzen wir Farben auch zur Warnung ein, etwa bei der Verkehrsampel.

Forscherfrage 31

Wie entsteht ein Regenbogen?

Rot, Orange, Gelb, Grün, Blaugrün, Blau und Violett: Mindestens sieben Farben hat ein Regenbogen. Oft steht er nach einem Regenguss am Himmel – allerdings nur bei tief stehender Sonne. Offenbar sind zu seiner Entstehung helles Licht und Wassertropfen nötig. Versuche einmal, einen Regenbogen selbst herzustellen.

Du brauchst:

- Gartenschlauch
- Sonnenschein
- kleiner Handspiegel
- tiefer Teller
- weißes Papier

So geht's: Wenn die Sonne scheint, drehst du den Gartenschlauch auf und stellst die Düse so ein, dass sich ein Schleier aus feinen Tropfen bildet. Stelle dich dabei so, dass du die Sonne im Rücken hast. Außerdem sollte sie nicht zu hoch am Himmel stehen. Im Wasserschleier erkennst du einen farbenprächtigen Regenbogen.

Was könnte die Ursache dafür sein, dass aus Sonnenlicht Farben entstehen? Vielleicht die Form der Wassertröpfchen? Oder etwa der Winkel, in dem das Licht durchs Wasser strahlt?

Das kannst du selbst herausfinden: Fülle den Teller mit Wasser und stelle den Spiegel schräg hinein. Von schräg oben sollten Sonnenstrahlen auf den Spiegel fallen. Halte in einigem Abstand vom Spiegel ein Blatt weißes Papier. Bewege den Spiegel und das Papier über dem Teller. Machst du es richtig, erscheint auf dem Papier ein kleiner Fleck mit Regenbogenfarben. Aber nur, wenn das Sonnenlicht in einem bestimmten Winkel auf die Wasseroberfläche trifft.

Das zeigt: Die Versuche erzeugen tatsächlich Regenbogenfarben. Wasser aber ist farblos. Also müssen die Farben aus dem Sonnenlicht kommen. Tatsächlich ist weißes Licht in Wirklichkeit aus zahlreichen Farben zusammengesetzt. Unsere Augen können diese Mischung nicht zerlegen. Die Wassertröpfchen aber spalten das Licht in seine Farbbestandteile auf. In der Abbildung unten siehst du, wie dies funktioniert: Genau genommen geschieht die Aufspaltung beim Durchtritt des Lichts durch die Grenze zwischen Wasser und Luft. Solche Grenzen durchläuft das Licht nicht nur im Wassertropfen, sondern auch beim Spiegelversuch. Daher entstehen auch dabei Regenbogenfarben. Übrigens funktioniert das auch an Glas/Luft-Grenzen: Kristallgläser funkeln im Sonnenlicht oft in Regenbogenfarben.

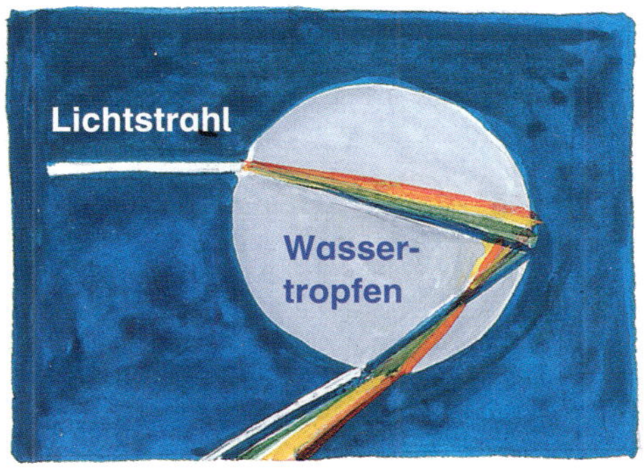

Regenbogenfarben

Eigentlich hat ein Regenbogen noch viel mehr Farben. Die Sonne strahlt nämlich auch Licht aus, das unsere Augen nicht wahrnehmen können. An das Rot schließt sich der Bereich des infraroten Lichts an, das wir als Wärmestrahlung auf der Haut spüren. Auf der anderen Seite liegt neben dem Violett die Zone des ultravioletten Lichts. Dieses Licht ist unter anderem für die Bräunung der Haut verantwortlich.

Für Schlaumeier

Forscherfrage 32

Wie erzeugt ein Bildschirm die Farbvielfalt?

Einen Regenbogen sieht man nicht so oft. Aber vermutlich schaust du öfter auf den Bildschirm des Fernsehers. Auch er zeigt ein buntes Farbenspiel. Finde heraus, wie er all diese Farben darstellt.

So geht's:

Du brauchst:

- **Lupe**
- **Farbfernseher**

Sieh dir mit der Lupe das Fernsehbild an. Am besten eignen sich ruhig stehende Bilder, in denen möglichst unterschiedliche Farben enthalten sind. Du erkennst: Die Bilder sind aus zahllosen winzigen Pünktchen (bei manchen Bildröhren auch Streifen) zusammengesetzt. Überraschend ist, dass es nur drei solcher Bildpünktchen gibt, nämlich Rot, Grün und Blauviolett. Offenbar reichen diese drei Farben, um alle anderen Farben herzustellen.

Versuche herauszufinden, zu welchen Farbtönen sich diese Farben mischen. Untersuche die kräftig gelben Flächen des Bildschirms. Hier leuchten die roten und die grünen Pünktchen. An den weißen Stellen strahlen alle drei Pünktchenarten etwa gleich hell, an den schwarzen leuchtet keines.

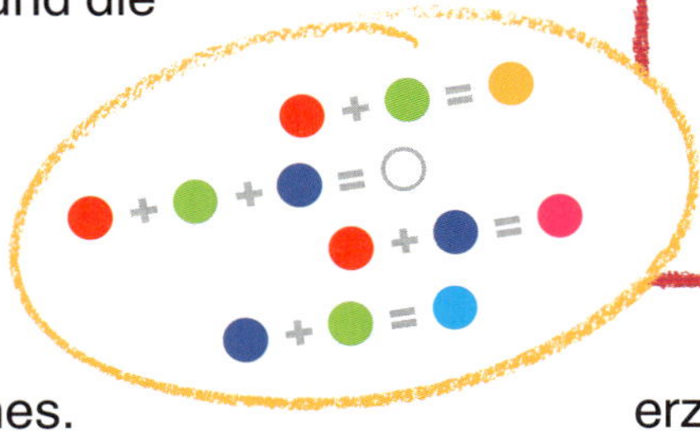

Das zeigt: Aus rotem, grünem und blauviolettem Licht in jeweils unterschiedlicher Stärke lassen sich alle anderen Farben einschließlich Weiß erzeugen. Weil die Lichtfarben dabei zusammengezählt werden, heißt diese Art der Lichtmischung auch „additive (zusammenzählende) Farbmischung". Rot, Grün und Blauviolett sind daher die „Grundfarben" der additiven Farbmischung.

Grundfarben

Schon gewusst?

Es ist gar kein Wunder, dass es nur drei Grundfarben gibt. Denn unser Auge hat auch nur drei Kanäle, um Farben wahrzunehmen. In der lichtempfindlichen Netzhaut im Auge gibt es drei Stoffe für das Farbensehen. Einer spricht nur an, wenn er von rotem Licht getroffen wird, der zweite ist für grünes, der dritte für blauviolettes Licht empfindlich.

Das Sehzentrum in unserem Gehirn verarbeitet diese Signale und deutet sie als verschiedene Mischfarben. Treffen etwa gleich starke Signale von den rotempfindlichen und den grünempfindlichen Sehzellen ein, meldet das Gehirn an unser Bewusstsein die Farbe „Gelb".

Forscherfrage 33

Kann man farbiges Licht selbst mischen?

Wenn der Fernsehbildschirm Farben zusammenmischen kann, solltest du das auch können – mit Taschenlampen und ein paar durchsichtigen Farbfolien. Deine Ergebnisse notierst du in der großen Tabelle in deinem Forschertagebuch.

Du brauchst:

- drei Taschenlampen (möglichst gleich hell)
- Farbfolien (in Rot, Blauviolett, Grün) aus dem Bastelladen
- weißes Papier
- Klebeband

So geht's: Klebe vor die erste Taschenlampe mit Klebeband ein Stück rote Folie, vor die zweite ein Stück grüne und vor die dritte blauviolette Farbfolie. Verdunkle das Zimmer und richte die farbigen Lichtstrahlen der Lampen gemeinsam auf das weiße Papier.

Wie mischen sich die Farben zusammen? Wie verändern sich die Farbtöne, wenn du einzelne Lampen etwas weiter weg hältst, sodass sie weniger Licht aufs Papier bringen?

Das zeigt: Auch die farbigen Lichtstrahlen mischen sich zu unterschiedlichen Farbtönen. Das Weiß wird vielleicht nicht ganz sauber sein – hier kommt es sehr auf den exakten Farbton der Folien und die Helligkeit der Lampen an. Die Farbfolien haben nämlich nicht den genauen Farbton der jeweiligen Grundfarbe. Die Zeichnung zeigt, welche Farbtöne bei der Mischung der exakten Grundfarben entstehen. Aus Grün und Blauviolett entsteht zum Beispiel Hellblau. Rot und Grün mischen sich zu Gelb und alle drei Farben ergeben Weiß.

Forscherfrage 34

Warum ist Salat grün und eine Rose rot?

Fast alle Gegenstände strahlen in unterschiedlichen Farben – obwohl sie mit rein weißem Licht von der Sonne oder einer Lampe beleuchtet werden. Das tun sogar die Farbbilder in Zeitschriften und Büchern und auch deine selbst gemalten Zeichnungen. Wie erzeugen sie wohl diese Farben? Hat es etwas damit zu tun, dass Farben bereits im weißen Licht enthalten sind? Das kannst du herausfinden, indem du Dinge mit farbigem Licht anstrahlst.

Du brauchst:

- **Farbfolien (Rot, Grün, Blau, Gelb) aus dem Bastelladen**
- **Taschenlampe**
- **Klebeband**
- **dunkles Zimmer**
- **Salatblatt**
- **rote Rose**

So geht's: Klebe nacheinander alle Farbfolien vor die Taschenlampe und leuchte damit möglichst viele Dinge an, die in typischen, kräftigen Farben strahlen – etwa Blüten, Blätter oder Früchte. Welche Farben siehst du dadurch heller, welche erscheinen dunkler? Wie sieht zum Beispiel ein grünes Salatblatt in rotem Licht aus und wie unter grüner Beleuchtung? Und wie wirkt sich dieses Licht auf eine dunkelrote Rosenblüte aus? Notiere die Ergebnisse der Versuche in deinem Forschertagebuch, damit du die Übersicht behältst.

Beleuchte die im vorigen Versuch benutzten Gegenstände mit weißem Licht und betrachte sie dann nacheinander durch jede der vier Farbfolien. Wie erscheinen sie jeweils?

Das zeigt: Um das Ergebnis der Versuche zu verstehen, muss man stets an die Erkenntnis aus den vorigen Forscherfragen denken: Weißes Licht kann man als eine Mischung aus rotem, grünem und blauviolettem Licht auffassen.

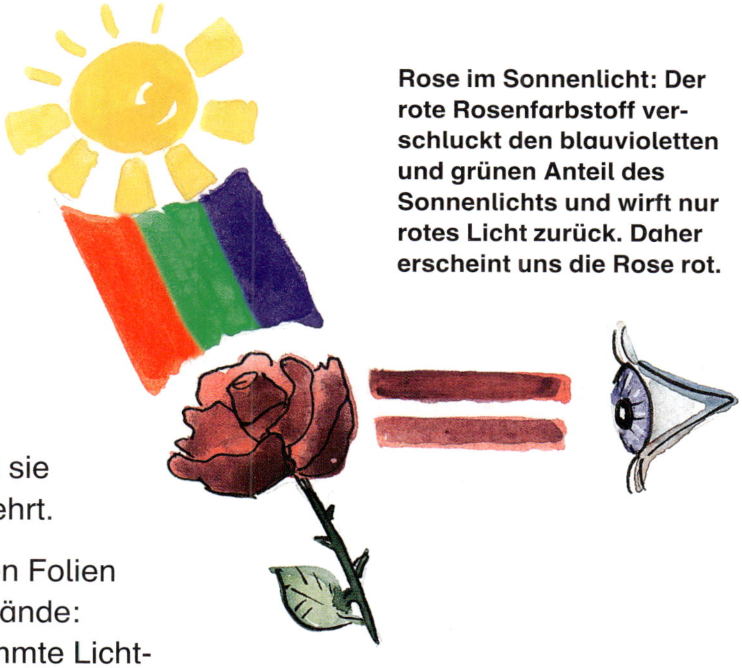

Rose im Sonnenlicht: Der rote Rosenfarbstoff verschluckt den blauvioletten und grünen Anteil des Sonnenlichts und wirft nur rotes Licht zurück. Daher erscheint uns die Rose rot.

Die Folien erzeugen jeweils einen bestimmten Farbeindruck, weil sie einzelne Farben aus dem weißen Licht wegsaugen. Die grüne Folie zum Beispiel lässt grünes Licht durch, rotes Licht hält sie großteils zurück. Die rote Folie macht es umgekehrt.

Ganz ähnlich wie die Farbstoffe in den Folien funktionieren farbige Gegenstände: Sie verschlucken nur bestimmte Lichtfarben. Der grüne Blattfarbstoff im Salatblatt etwa filtert den blauvioletten und den roten Anteil des Lichts heraus – so dringt allein grünes Licht zu deinem Auge. Wird der Salat nun mit rotem Licht beleuchtet, das er verschluckt und nicht mehr zurückwirft, erscheint er dunkel.

Eine rote Rosenblüte verschluckt vor allem den blauen und den grünen Lichtanteil, wirft also nur noch rotes Licht zurück. Wird die Rose mit grünem Licht beleuchtet, verschluckt der rote Rosenfarbstoff das grüne Licht – und die Rose erscheint ebenfalls dunkel.

Salat im Grünlicht: Grün beleuchtet erscheint das Blatt hell. Denn grünes Licht wirft es besonders gut zurück.

Farbe und Farbstoffe

Für Schlaumeier

Die Versuche zeigen, dass man unterscheiden muss zwischen einem Farbstoff und farbigem Licht: Beides wird in der deutschen Sprache ungenau als „Farbe“ bezeichnet. Ein Farbstoff schluckt jeweils bestimmte Farben aus dem weißen Licht heraus und erscheint daher farbig.

Übrigens: Ein Stoff, der alle Farben verschluckt, also alles Licht, erscheint schwarz. Einen Gegenstand, der Licht aller Farben gleichmäßig zurückwirft, bezeichnen wir dagegen als grau oder – bei besonders starkem Zurückwerfen – als weiß.

Forscherfrage 35

Warum mischen sich Gelb und Blau zu Grün?

Die ersten Erfahrungen mit Farbmischungen haben die meisten Menschen mit ihrem Farbkasten gesammelt. Besonders auffällig ist dabei, dass Gelb und Blau zusammen einen ganz anderen Farbton ergeben, nämlich Grün. Ein neugieriger Forscher fragt sich angesichts solcher Beobachtungen: Wie kommt das eigentlich zustande?

Du brauchst:
- **Farbkasten**
- **weißes Papier**
- **Farbfolien (Rot, Grün, Gelb, Blauviolett)**

So geht's: Mische zunächst jeweils einige Wasserfarben in ungefähr gleichen Mengen zusammen und notiere, welche Mischfarbe dabei jeweils entsteht. In deinem Forschertagebuch findest du eine Tabelle für die dabei erhaltenen Versuchsergebnisse.

Statt die farbigen Tuschen zusammenzumischen, könntest du sie auch einzeln auf weißes Papier auftragen und dann die verschiedenen Papiere hintereinander vor eine helle Lichtquelle halten. Welche Farben entstehen dabei, zum Beispiel aus blau bemaltem und gelb bemaltem Papier?

Noch besser als das selbst bemalte Papier eignen sich natürlich deine Farbfolien für solche Versuche, weil sie insgesamt mehr Licht durchlassen. Halte jeweils zwei oder drei Farbfolien hintereinander gegen das Licht und notiere die entstehenden Farben in der Tabelle im Forschertagebuch.

Das zeigt: Das weiße Licht, das weißt du inzwischen, kannst du dir als Mischung der Farben Rot, Grün und Blauviolett vorstellen.

1

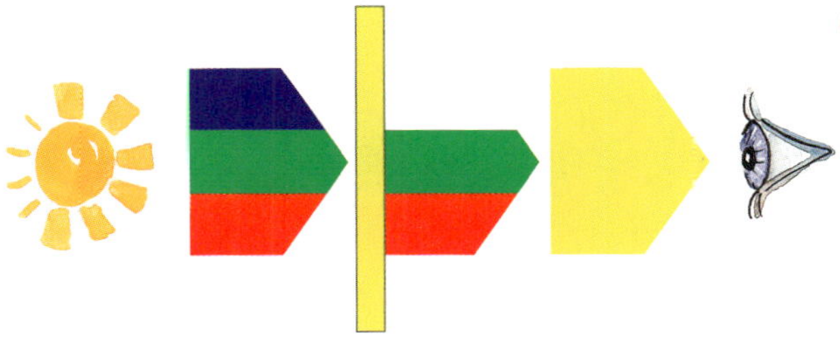

2

3

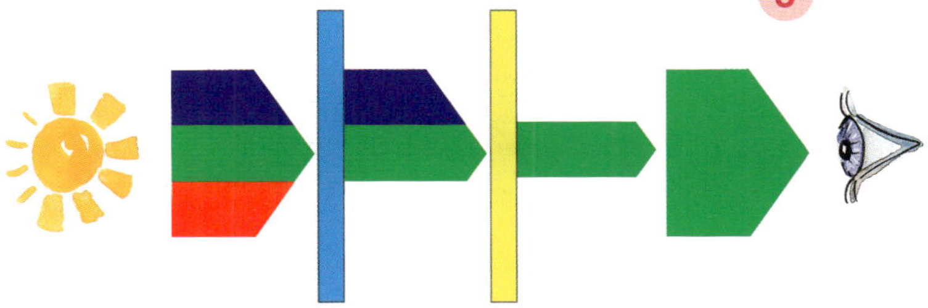

Die Farbstoffe in der Tusche oder in der Folie verschlucken nun aus diesem Farbgemisch jeweils bestimmte Lichtfarben. Gelbe Tusche etwa verschluckt vor allem blauviolettes Licht, nicht aber grünes und rotes Licht, das sich im Auge zu Gelb mischt (1). Blaue Tusche dagegen verschluckt rotes Licht, nicht dagegen grünes und blauviolettes (2). Mischst du also blaue und gelbe Tusche oder hältst die entsprechenden Farbfolien hintereinander, wird rotes Licht und blauviolettes Licht verschluckt. Und was bleibt übrig? Der grüne Lichtanteil (3).

Weil jeder Farbstoff einen Farbanteil aus dem weißen Licht herauszieht, nennt man diese Art der Farbmischung „subtraktive (abziehende) Farbmischung“.

Forscherfrage 36

Enthalten auch Farbstoffe mehrere Farben?

Deine Versuche haben dir gezeigt, dass man weißes Licht in Farben aufspalten kann und dass sich farbiges Licht auch wieder zu anderen Farben mischen lässt. Ob das auch mit den Farben von Filzstift und Tinte funktioniert?

Du brauchst:

- Filterpapier (Kaffeefilter)
- Glas
- (nicht wasserfeste) Filzstifte und schwarze Tinte
- Essig
- Schere
- Klebeband
- Bleistift

So geht's: Schneide dir aus den Kaffeefiltern Streifen von einigen Zentimetern Länge zurecht (1). Rund 2 cm von einem Rand entfernt machst du mit den Filzstiften oder der Tinte nebeneinander mehrere dicke Kleckse (2).

1

2

3

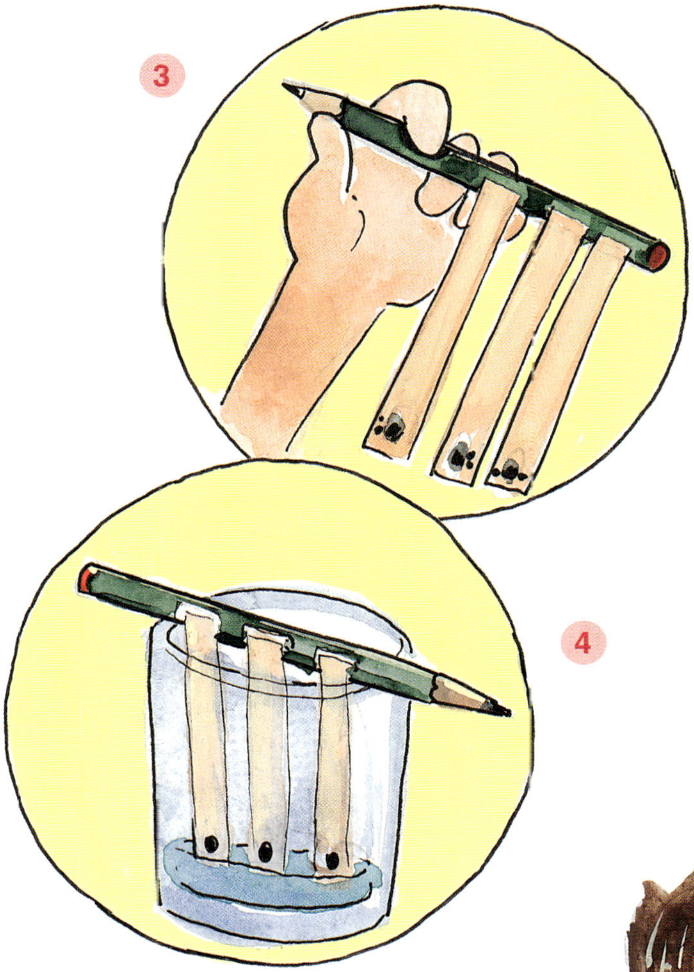

4

Das andere Ende klebst du mit etwas Klebeband am Bleistift an (3).

Ins Glas füllst du etwa 2 cm hoch Wasser und gibst etwas Essig dazu. Dann hängst du den Streifen mit dem Bleistift so ins Wasser, dass die Enden mit den Klecksen einige Millimeter ins Wasser eingetaucht sind (4). Warte nun einige Stunden ab.

Das Wasser steigt langsam im Filterpapier empor. Oft bilden sich dabei über den Klecksen farbige Bänder (5). Es gibt aber auch Filzstifte und Tinten, deren Farbstoffe in diesem Versuch nicht wandern.

5

Das zeigt: Filzstifte und Tinten enthalten oft ein Gemisch aus Stoffen unterschiedlicher Farbe. Sie werden durch das aufsteigende Wasser unterschiedlich rasch mitgenommen und so aufgetrennt. Selbst schwarze Tinte ist eine Mischung mehrerer bunter Farben – wer hätte das gedacht! Diese Trennmethode für chemische Substanzen spielt übrigens in der Chemie unter dem Namen Chromatografie eine wichtige Rolle.

Kein bisschen leise

Unser Gehör ist ständig im Einsatz. Selbst nachts, wenn die Augen ruhen, ist es wach und weckt uns bei ungewöhnlichen Geräuschen. Aber es schützt uns nicht nur vor Gefahren. Ohne Hörsinn wäre unser Leben ärmer: Wir könnten nicht sprechen lernen und auch keine Musik hören. Doch wie entsteht eigentlich Schall, also all die verschiedenen Geräusche, Klänge und Töne in der Welt – und wie hören wir ihn?

Forscherfrage 37

Wie entstehen Töne und Geräusche?

Es gibt unendlich viele Möglichkeiten, Töne und Geräusche zu erzeugen. Am besten probierst du zunächst einmal möglichst viele aus, um dem Geheimnis der Geräuschentstehung auf die Spur zu kommen.

Du brauchst:

- **Topf**
- **Gummiband**
- **Radio**
- **Papier**
- **Lineal**
- **Luftballon**

So geht's: Schlage kräftig auf den Topf. Er wird laute Geräusche von sich geben. Befühle dabei auch seine Oberfläche.

Spanne ein Gummiband und zupfe daran. Du hörst einen sirrenden Ton. Was siehst und fühlst du am Gummi?

Drehe das Radio laut auf und lege die Finger an den Lautsprecher. Spürst du etwas?

Klopfe kräftig gegen die Tür und lege gleichzeitig eine Fingerspitze aufs Holz. Was fällt dir auf?

Summe, singe oder spreche und befühle dabei deine Kehle. Halte ein Stück Papier vor den Mund und summe mit tiefer Stimme. Drücke dabei die Fingerspitzen leicht gegen das Papier. Was spürst du?

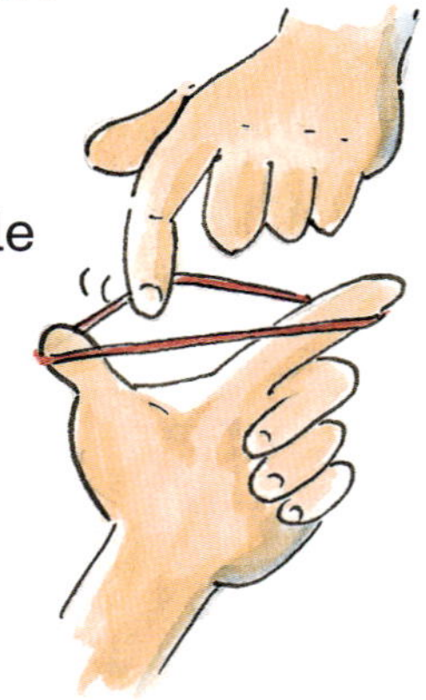

Blase einen Luftballon auf, halte den Ansatz zu und öffne ihn dann ein klein wenig. Die ausströmende Luft erzeugt pfeifende oder quietschende Laute. Spürst du, wie das Gummi dabei vibriert?

Merkst du etwas? Bei all den Beispielen hörst du nicht nur ein Geräusch, sondern du spürst auch ein Schwingen. Je lauter der Ton, desto stärker ist das Schwingen. Offenbar haben Töne und Schwingungen etwas miteinander zu tun.

Um das näher zu untersuchen, drückst du ein Lineal mit einem Ende kräftig auf den Tisch und lässt das andere Ende hin und her schwingen. Tatsächlich entsteht dabei ein Ton – je rascher das Lineal schwingt, desto höher ist er.

Das zeigt: Die Quellen von Tönen und Geräuschen, also von Schall, schwingen stets. Je rascher sie schwingen oder vibrieren, desto höher ist der Ton, den wir wahrnehmen. Wenn Gegenstände gleichmäßig schwingen, wie etwa ein Gummiband oder eine Gitarrensaite, entsteht ein Ton. Wenn sie dagegen ganz wild durcheinander schwingen, wie etwa ein Topf, eine Kreissäge oder auch ein am Boden zersplitterndes Glas, nennen wir den entstehenden Schall Geräusch – und wenn er stört, Lärm.

Hohe und tiefe Töne

Schon gewusst?

Töne können hoch oder tief sein. Kinder zum Beispiel singen und sprechen mit höheren Stimmen als Erwachsene. Frauen haben die höheren Stimmlagen. Kleine Musikinstrumente geben meist höhere Töne von sich als größere – Geigen klingen höher als etwa ein Kontrabass. Auf dem Klavier kannst du 88 Töne von ganz tief bis ganz hoch anschlagen. Schaue einmal hinein: Die kürzesten Saiten sind für die hohen Töne zuständig.

Für Schlaumeier

Trommelfell und Schnecke

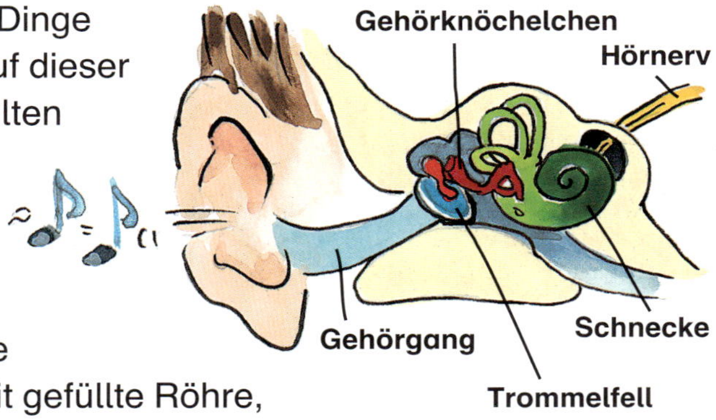

Schall, das hast du gemerkt, kann schwingfähige Dinge wie etwa ein Papierblatt zum Vibrieren bringen. Auf dieser Grundlage arbeiten auch unsere Ohren. Sie enthalten ein sehr feines Häutchen, das Trommelfell, das der Schall in Schwingungen versetzt. Drei feinste Knöchelchen leiten diese Schwingungen an das Innenohr weiter und verstärken sie dabei. Gut geschützt im Schädelknochen sitzt das eigentliche Hörorgan: eine spiralig gewundene, mit Flüssigkeit gefüllte Röhre, die Schnecke. Sie sortiert den Schall nach Tonhöhen und leitet die entsprechenden Signale über den Hörnerv zum Gehirn.

Forscherfrage 38

Wie kommt der Schall zum Ohr?

Eine Schallquelle kann viele Meter weit weg sein, dennoch hören wir sie. Auf irgendeine Weise müssen also die Geräusche zu uns dringen können. Wie geschieht das? Und wie nehmen wir den Schall auf?

Du brauchst:

- **Gartenschlauch (Baustoff- oder Zoohandlung, etwa 2 m lang, 10–15 mm Durchmesser)**
- **Trichter**
- **Radio**
- **Löffel**
- **Schnur**
- **Bleistift**
- **Wecker**

So geht's: Wenn man sich die Ohren zuhält, hört man sofort viel weniger. Offenbar sind die beiden Gehörgänge, die ins Kopfinnere führenden Röhren, für das Hören wichtig. Sie sind mit Luft gefüllt und Luft umgibt auch den Kopf. Ob die Luft den Schall zum Ohr leitet? Das kannst du auf zwei Arten prüfen:

Zuerst unterbrichst du die Luftverbindung zwischen Schallquelle und Ohr: Lasse im Nebenzimmer ein Radio spielen und schließe die Verbindungstür. Du hörst die Musik sofort deutlich leiser. Den gleichen Effekt erzielst du, wenn du mit der Hand oder einem Finger das Ohr zuhältst.

Schaffe dir eine spezielle Luftverbindung zwischen Schallquelle und Ohr: Stecke einen Trichter in das Ende eines Gartenschlauchs und halte ihn an einen Gehörgang. Das andere Ende bringst du vor ein spielendes Radio, einen tickenden Wecker, oder du sprichst leise hinein. Achtung! Nicht laut hineinsprechen, das könnte das Gehör schädigen! Du hörst den Schall nun deutlich lauter als ohne Schlauch, wenn das Schlauchende nahe an der Schallquelle ist. Kneifst du den Schlauch an einer Stelle zu, wird der Schall sofort viel leiser – es ist also wirklich die Luft, die ihn leitet.

Ob nur Luft den Schall leitet? Binde einen Löffel an ein Stück Schnur, lasse ihn frei hängen und halte ein Schnur-Ende ans Ohr. Klopfe mit dem Bleistift leicht an den Löffel. Mit dem freien Ohr hörst du das Klingen kaum, aber die Schnur trägt es laut an dein Ohr.

Beobachte beim nächsten Schwimmbadbesuch, ob du beim Tauchen etwas hörst – etwa wenn jemand ins Wasser springt. Auch Wasser kann also den Schall leiten.

Das zeigt: Die Versuche beweisen, dass tatsächlich die Luft den Schall zu den Ohren leitet. Schon eine geschlossene Tür allerdings dämpft den Schall deutlich, und den gleichen Effekt erreicht man durch Zuhalten des Gehörgangs. Auch feste Stoffe wie eine Schnur oder flüssige Stoffe wie Wasser leiten den Schall. Wasser leitet den Schall sogar besonders gut.

Lautlos

Schon gewusst?

Schall wandert durch die Luft zu unseren Ohren. Ohne Luft können wir also nichts hören. Im Weltall oder auf dem Mond gibt es keine Luft, daher müssen Astronauten Schutzanzüge mit Luftversorgung tragen. Selbst wenn man dort oben direkt neben ihnen eine Kanone abfeuern würde, würden sie nichts von dem Knall wahrnehmen.

Forscherfrage 39

Kann man Schall sichtbar machen?

Hören kann man Schall, fühlen auch. Vielleicht kann man ihn ja sogar sehen, oder wenigstens seine Wirkungen. Das könnte dabei helfen, noch mehr über das Wesen des Schalls herauszufinden.

Du brauchst:

- **Weinglas (dünnwandig)**
- **Bleistift**
- **Plastikfolie (zerschnittene Einkaufstüte oder Frischhaltefolie)**
- **Schüssel**
- **Klebeband**
- **Reiskörnchen**
- **Radio**

So geht's: Fülle das Weinglas etwa halbvoll mit Wasser und klopfe vorsichtig mit dem Bleistift auf den Glasrand. Vorsicht! Nicht zu fest schlagen, sonst bricht das Glas! Achte auf die Wasseroberfläche. Sieh genau hin! Was erkennst du?

Offenbar ist Schall eine Art Welle. Das würde zu der Art seiner Entstehung passen: Auch wenn du in der Badewanne die Hand rhythmisch ins Wasser tauchst und wieder herausziehst, entstehen Wellen. Natürlich laufen die Schallwellen durch die Luft, nicht an der Wasseroberfläche.

Wenn du in der Badewanne einen Korken schwimmen lässt, hüpft er im Takt der Wasserwellen auf und ab. Ob auch Schallwellen Dinge zum Hüpfen bringen können? Lege dazu über die Schüssel etwas Plastikfolie, ziehe sie straff und befestige sie mit Klebeband.

Streue einige Reiskörnchen darauf. Stelle sie direkt vor einen Lautsprecher und drehe für einen Moment kräftig auf. Die Körnchen hüpfen im Takt des Schalls auf und ab – je lauter der Schall, desto mehr.

Das zeigt: Die Versuche zeigen, dass man Schall sichtbar machen kann. Schall breitet sich in Form einer Welle aus. Sie entsteht, wenn ein Gegenstand rasch schwingt, wandert dann durch die Luft und erreicht schließlich das Ohr. Je lauter der Schall, desto kräftiger ist die Welle. Wie eine Wasserwelle mit zunehmender Entfernung von der Quelle flacher wird, nehmen auch die Schallwellen mit der Entfernung an Stärke ab. Deswegen hören wir etwa ein Auto lauter, wenn es näher kommt.

Für Schlaumeier

Schallwellen

Schall breitet sich in Form von Wellen aus, aber sie sehen etwas anders aus als Wasserwellen an der Oberfläche eines Teiches. Es sind eigentlich Zonen etwas verdichteter Luft, die von der Schallquelle ausgehen, gefolgt jeweils von Bereichen, wo die Luft etwas verdünnt ist. Diese Überdruck- und Unterdruckzonen breiten sich kugelförmig im Raum aus und bringen Dinge, auf die sie treffen, ebenfalls zum Schwingen.

Forscherfrage 40

Wie schnell breiten sich Schallwellen aus?

Schall ist schnell – wenn du dich mit jemandem unterhältst, hört er deine Worte praktisch im selben Moment, in dem du sie aussprichst. Aber wie sieht es bei größeren Entfernungen aus? Kommen die Schallwellen dann mit merklicher Verspätung an?

Du brauchst:

- **Helfer**
- **Knallpistole, zwei Topfdeckel oder Autohupe**
- **eventuell Stoppuhr**
- **Metermaß**

So geht's: Sucht euch zunächst eine ruhige Umgebung. Dein Helfer und du solltet euch auch dann noch sehen und hören können, wenn ihr einige Hundert Meter weit auseinander steht. Nun soll dein Helfer ein lautes Geräusch erzeugen, zum Beispiel zwei Topfdeckel aneinanderschlagen, eine Pistole knallen lassen oder auch auf den Knopf der Autohupe drücken. Gleichzeitig gibt er dir ein Winkzeichen. So kannst du genau sehen, wann der Schall erzeugt wird. Hörst du ihn im gleichen Augenblick? Und wie verändert sich der zeitliche Abstand, wenn ihr die Entfernung zwischen euch vergrößert?

Wenn ihr es ganz exakt machen wollt, müsst ihr die Entfernung zwischen dir und dem Helfer genau abmessen. Mit der Stoppuhr misst du dann die Zeit zwischen dem Winksignal und der Ankunft des Schalls. Wie weit müsst ihr voneinander entfernt stehen, damit der Schall gerade eine Sekunde für den Weg braucht?

Das zeigt: Schall ist viel langsamer als Licht. Schon bei recht geringer Entfernung merkt man, dass er für den Weg eine bestimmte Zeit braucht. Genaue Messungen haben ergeben, dass Schall in einer Sekunde rund 340 Meter zurücklegt. Das entspricht immerhin einem Tempo von rund 1200 Kilometern pro Stunde.

Blitz und Donner

Schon gewusst?

Bei Gewittern folgt der Donner stets erst einige Sekunden nach dem Blitz. Je weiter das Gewitter weg ist, desto größer ist der Zeitabstand: Für einen Kilometer braucht der Schall rund 3 Sekunden. Folgt der Donner also 6 Sekunden nach dem Blitz, ist das Gewitter noch 2 Kilometer entfernt.

Forscherfrage 41

Wie entsteht ein Echo?

So geht's: Stelle dich mit einigen Metern Entfernung vor eine glatte große Hauswand und rufe kurz oder schlage zwei Topfdeckel aufeinander. Du hörst das Geräusch zwei Mal: Zuerst beim Erzeugen, und dann einen winzigen Moment danach nochmals leiser als Echo.

Das zeigt: Die Schallwellen erreichen die Wand, werden dort reflektiert (ähnlich wie Licht am Spiegel zurückgeworfen wird) und erreichen verzögert dein Ohr. Der zeitliche Abstand hängt von der Entfernung zur Wand ab. Im Gebirge etwa, wo große Felswände ebenfalls den Schall reflektieren, kann das Echo über eine Sekunde später eintreffen, mitunter gibt es bei mehrfacher Reflexion sogar mehrere Echos. Büsche, Waldränder und ähnliche Hindernisse werfen den Schall dagegen kaum zurück, sondern verschlucken ihn.

Forscherfrage 42

Wie kann man leise Töne lauter machen?

Wenn Schall von der Luft weitergeleitet wird, müsste man ihn mit einem einfachen Trick lauter machen können: indem man nämlich die Berührungsfläche zwischen dem schwingenden Schallerzeuger und der Luft vergrößert. Wäre diese Idee nicht einen Versuch wert?

Du brauchst:

- Gummiband
- Plastikbecher
- Klebeband
- stabiler Karton
- einige Gummiringe unterschiedlicher Dicke
- Schere
- etwas Klebstoff
- Trinkhalme

So geht's: Spanne das Gummiband über den Plastikbecher und befestige es wenn nötig mit Klebeband. Es muss aber frei schwingen können. Zupfst du jetzt daran, ist der Ton viel lauter zu hören als ohne den Becher.

Das zeigt: Das winzige Gummiband hat nur eine kleine Berührungsfläche mit der Luft und kann daher nur schwache Schallwellen aussenden. Das Plastik des Bechers aber nimmt die Schwingungen auf und gibt sie dank seiner viel größeren Fläche wirksam an die Luft weiter. So wird der Klang entsprechend lauter. Dies ist auch der Grund, warum viele Musikinstrumente mit Saiten, etwa Geigen, Gitarren oder Klaviere, einen meist hölzernen Klangkörper haben.

Nach dem gleichen Prinzip kannst du dir eine Gummiharfe basteln. Schneide in den Karton seitlich zwei Löcher, durch die der Schall später austritt (1). Auf die Oberseite klebst du nahe an einem Ende einen Trinkhalm quer zur späteren Richtung der Saiten. Einen zweiten Trinkhalm zerschneidest du in kleinere Stücke von je etwa 1 cm Länge (2).

Spanne nun die Gummiringe/Saiten über den Karton, und zwar geordnet nach ihrer Stärke (3). Zupfe daran und du hörst verschiedene Töne – die dicksten Saiten geben die tiefsten Töne. Erhöhst du die Spannung der Saiten oder verkürzt sie, steigt die Tonhöhe. Mithilfe untergeschobener Trinkhalm-Stücke kannst du nun die Tonhöhe jeder Saite so einstellen, dass sie eine Tonleiter ergeben. Klebe die Stückchen fest, wenn sie ihren Platz gefunden haben. Nun kannst du versuchen, kleine Melodien zu spielen.

Weil die Gummiring-Teile zwischen den Trinkhalm-Stückchen unterschiedlich lang sind, geben sie beim Zupfen verschiedene Töne von sich.

Ultraschall

Für Schlaumeier

Nicht jede Art von Schall können wir hören. Sehr langsame Schallschwingungen (weniger als 16 Schwingungen pro Sekunde) nehmen unsere Ohren nicht mehr wahr. Auch im oberen Bereich gibt es eine Grenze: Sie liegt bei Kindern bei etwa 20 000 Schwingungen pro Sekunde, sinkt allerdings mit zunehmendem Alter.

Noch höhere Töne bezeichnet man als Ultraschall. Viele Tierarten wie Hunde und Katzen können in diesem Bereich noch gut hören. Und Fledermäuse stoßen für uns unhörbare Ultraschalltöne aus und können sich dank des Echos sogar in völliger Dunkelheit zurechtfinden und winzige fliegende Insekten jagen.

Durchgeblickt

Opa und Oma tragen sie auf der Nase, oft auch der Lehrer oder die Eltern – vielleicht trägst du selbst ja auch eine? Die Rede ist von der Brille. Mit diesen Gläsern, die ein Gestell vor den Augen festhält, kann man besser sehen. Aber wie kann das sein, dass ein Stückchen Glas die Sehfähigkeit verbessert? Und warum zeigt eine Lupe Dinge vergrößert?

Forscherfrage 43

Wie verändert eine Brille die Sicht?

Brillen sind offenbar dazu da, hindurchzuschauen. Der erste Test, den du mit einer geliehenen Brille machst, besteht daher im Hindurchblicken. Vorsicht: Brillen sind sehr teuer! Gehe ganz vorsichtig mit ihnen um. Vielleicht bekommst du auch eine alte Brille und eine Lupe geliehen oder geschenkt.

Du brauchst:
- geliehene Brillen

So geht's: Halte die Brillen einfach gegen ein Fenster und schaue hindurch. Bei manchen Brillen erscheint die Landschaft durch die Brille gesehen kleiner. Bei anderen dagegen siehst du alles nur unscharf. Halte diese Art von Brillen dann einige Zentimeter vor die Gardine und schaue wieder hindurch: Jetzt siehst du, dass diese Brillen die Dinge vergrößert zeigen – sie wirken wie ein Vergrößerungsglas.

Das zeigt: Die Glaskörper der Brillen haben eine erstaunliche Eigenschaft: Sie können beim Hindurchblicken die dahinterliegenden Dinge entweder verkleinern oder auch vergrößern. Wofür eine Brille gut ist, kannst du dir leicht durch Überlegung klar machen: Sie korrigiert bestimmte Sehfehler des Auges. Gerade ältere Menschen können nahe Dinge oft nicht mehr gut erkennen, etwa die Texte in Büchern. Man nennt diesen Augenfehler

Weitsichtigkeit. Ihnen hilft eine Brille mit vergrößernden Linsen, Nahes wieder scharf und deutlich zu erkennen. Es gibt aber auch die Kurzsichtigkeit: Menschen mit diesem Augenfehler können nur Naheliegendes ohne Brille deutlich sehen, aber keine weiter entfernten Dinge. Solchen kurzsichtigen Menschen hilft eine Brille mit verkleinernden Gläsern, denn sie korrigiert diesen Fehler.

Forscherfrage 44

Wovon hängt die Vergrößerungswirkung ab?

Wieso vergrößert eine Linse eigentlich? Das Material Glas allein kann nicht die Ursache sein, denn eine Fensterscheibe vergrößert nicht. Aber vielleicht liegt es an der Form der Linse, etwa an der Wölbung des Glases. Das könntest du herausfinden, indem du linsenförmige Gebilde aus anderen Stoffen untersuchst.

Du brauchst:

- **Weinglas**
- **Milchtüte**
- **Schere**
- **Blatt einer Pflanze**
- **Wasser**

So geht's: Tropfe etwas klares Wasser auf ein Blatt, sodass es einzelne Tropfen bildet. Schaue hinein: Du erkennst die Blattoberfläche vergrößert!

So geht's weiter: Einen einzelnen Wassertropfen kannst du auch festhalten, indem du einen Streifen aus einer Milchtüte schneidest. In das Wachspapier bohrst du ein mehrere Millimeter großes Loch und füllst es mit Wasser. Prüfe auch die Vergrößerungswirkung eines runden Weinglases auf dahintergehaltene Schrift. Wie wirkt es sich aus, wenn du das Glas mit Wasser füllst?

Das zeigt: Linsen müssen nicht aus Glas sein, Wasser tut es auch. Allerdings sind solche Wassertropfen nur klein und sehr schwierig in der Handhabung. Wichtig ist die gewölbte Form. Es kommt aber auch auf die Menge an Material in der Linse an. Denn das leere Glas vergrößert kaum, wohl aber das volle.

Konkav und konvex

Schon gewusst?

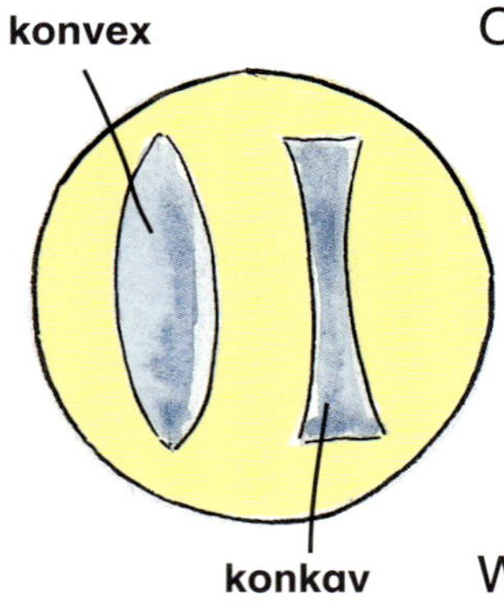

Optiker, also Fachleute für Linsen, haben für die Art der Wölbung besondere Bezeichnungen: Eine nach außen gewölbte Linsenoberfläche nennen sie konvex. Vergrößerungslinsen haben mindestens eine konvexe Seite, und auch die Außenseite eines Weinglases ist konvex.

Eine nach innen gewölbte Linsenoberfläche nennt man dagegen konkav (Merkhilfe: Weil sie nach innen gewölbt sind, könnte man Kaffee hineingießen – daher konkav).

Brillengläser haben meist eine konvexe Vorderseite und eine konkave Rückseite. Je nachdem, auf welcher Seite die Wölbung stärker ist, vergrößert oder verkleinert das Glas. Eine Lupe dagegen, also ein Vergrößerungsglas, soll stark vergrößern und besitzt daher stets zwei konvexe Seiten.

Forscherfrage 45

Wie wirken Linsen auf Licht?

Sehen hat, wie du weißt, mit Licht zu tun. Daher wäre es doch interessant zu wissen, was Linsen eigentlich mit Lichtstrahlen anstellen. Zum Beispiel mit dem Licht aus einer Lampe. Außer verschiedenen Brillen kannst du in deine Untersuchungen auch andere Linsen einbeziehen, die du besitzt oder ausleihen kannst, zum Beispiel Vergrößerungsgläser (Lupen).

Du brauchst:

- helle Lampe, etwa Nachttischlampe oder Taschenlampe
- weißes Papier
- Brillen
- Lupe
- Klebeband

So geht's: Die folgenden Experimente solltest du in einem verdunkelten Raum ausführen, damit du das Licht der Taschenlampe gut erkennst. Außerdem wäre es gut, das Licht nach Durchtritt durch die Linsen auf einer hellen Fläche aufzufangen. Dazu befestigst du ein Blatt weißes Papier mit dem Klebeband etwa an der Wand oder an einem Stapel Bücher auf dem Tisch.

Die Lampe sollte einige Meter von dir weg sein, aber auf das weiße Papier leuchten.

Halte zunächst eine Lupe in einigen Zentimetern Entfernung vor das Papier und verändere den Abstand. Du erkennst, dass die Lupe das Lampenlicht konzentriert zu einem kleinen Fleck, meist von der Form der Glühbirne.

Auch die vergrößernden Brillengläser erzeugen solch einen hellen Fleck, aber in viel größerem Abstand zum Papier. Die andere Sorte von Brillengläsern dagegen tut das nicht. Hältst du sie direkt vor das Papier, zeichnet sich das Glas hell ab, bei größerem Abstand wird es dunkel, dafür aber entsteht um diese Schatten herum eine hellere Fläche.

Das zeigt: Die vergrößernden Linsen können das Licht bündeln. Sie sammeln es und konzentrieren es auf einer kleinen Fläche. Man nennt solche Linsen daher auch Sammellinsen. Die andere Linsensorte, die beim Durchblicken ein verkleinertes Bild zeigt, streut dagegen die Lichtstrahlen eher noch. Man nennt sie daher auch Zerstreuungslinsen.

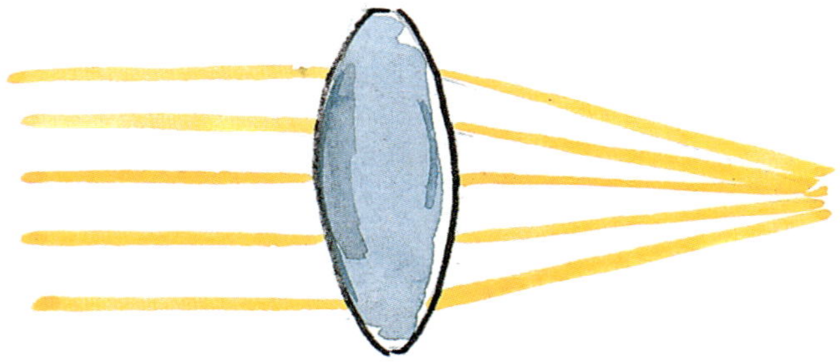

Sammellinse

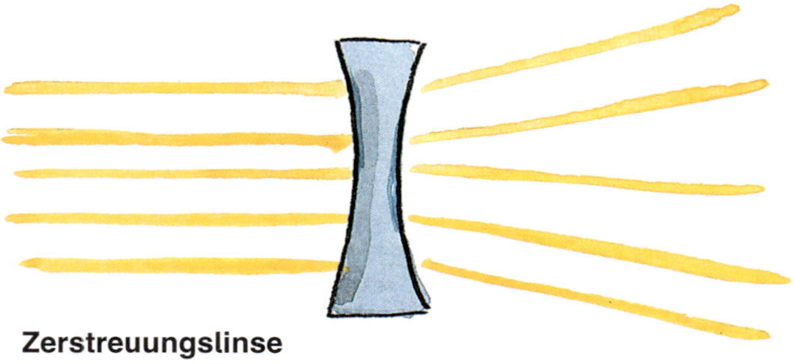

Zerstreuungslinse

Linsen im Gebrauch

Schon gewusst?

Linsen sind in zahlreichen Geräten enthalten. Du findest sie außer in Brillen zum Beispiel in Kameras, Camcordern, Mikroskopen, Fernrohren und Bildwerfern (Diaprojektoren oder Beamern). Auch Leuchttürme und manche Arten von Autoscheinwerfern bündeln mithilfe von Sammellinsen das Licht.

Sammellinse eines Scheinwerfers

Forscherfrage 46

Kann man Lichtstrahlen sichtbar machen?

Licht dient zum Sehen, aber die durch die Luft laufenden Lichtstrahlen selbst bleiben unsichtbar. Es wäre aber doch schön, wenn man den Weg des Lichtes erkennen könnte. Ob man ihn nicht irgendwie sichtbar machen könnte?

Du brauchst:

- **helle Lampe, etwa Nachttischlampe oder Taschenlampe**
- **weißes Papier**
- **Karton, zum Beispiel Schuhkarton**
- **Brillen**
- **Lupe**
- **grobzinkiger Kamm**
- **Klebeband**
- **Schere**

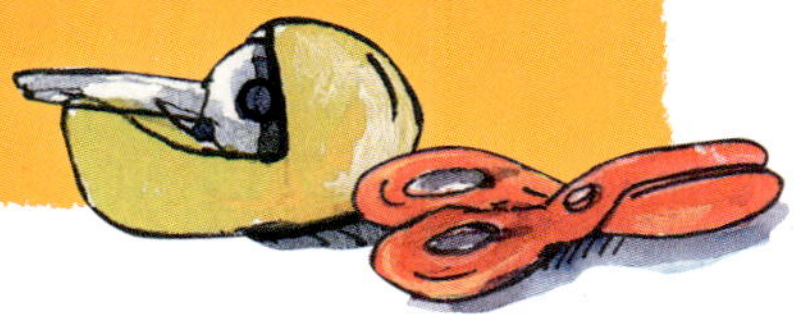

So geht's: Auch diesen Versuch musst du in einem verdunkelten Raum ausführen.

Schneide ein kleines, etwa 2 cm großes Loch in eine der schmalen Wände des Pappkartons. Schneide das weiße Papier so zurecht, dass du es auf dem Boden des Kartons auslegen kannst. Befestige den Kamm, wie es die Zeichnung zeigt, mit Klebeband an der Kartonwand vor dem Loch. Es sollte ein Kamm mit möglichst groben Zinken sein (1).

So geht's weiter: Beleuchte das Loch von außen mit einer Taschenlampe oder Schreibtischlampe (2). Die Zinken des Kammes werden nun beleuchtet und teilen das Licht im Kartoninneren in viele kleine Balken auf, die sich auf dem Papier abzeichnen.

Halte jetzt die Lupe oder ein Brillenglas in den Karton (3). Verfolge auf dem Papier den Weg der Lichtstrahlen. Wie verändern sie ihre Richtung?

2

3

Das zeigt: Bei der Lupe und einer Sammellinse laufen die Strahlen wie erwartet in einem Punkt zusammen. Bei den anderen Linsen laufen sie dagegen auseinander und werden zerstreut.

Der Versuch beweist, dass Linsen tatsächlich den Weg der Lichtstrahlen verändern. Sammellinsen bündeln die Strahlen, Zerstreuungslinsen lassen sie auseinanderlaufen.

Forscherfrage 47

Wie bündelt man Sonnenlicht?

Wenn eine Sammellinse das Licht der Taschenlampe sammelt, müsste sie das doch erst recht mit dem viel helleren Licht der Sonne tun können.

Du brauchst:
- Lupe
- Blatt einer Zeitung
- Lineal

So geht's: Bei diesem Versuch sollte ein Erwachsener in der Nähe sein! Halte die Lupe ins Sonnenlicht und dahinter ein Stück Zeitungspapier. Verändere den Abstand so, dass der leuchtende Fleck möglichst klein ist. Dann ist er am hellsten und zudem besonders heiß: Nach wenigen Sekunden bräunt sich das Papier und leichter Rauch kräuselt empor.

Miss mit dem Lineal die Entfernung zwischen Linse und Brennfleck, wenn er am kleinsten ist. Man nennt diese Entfernung die „Brennweite" einer Linse. Bestimme zum Vergleich die Brennweite einer Brille mit Sammellinsen. Hier ist der Abstand zwischen Linse und Fleck viel größer.

Das zeigt:
Die Sammellinse fängt die Lichtstrahlen ein, die auf die gesamte Linsenfläche treffen, und bündelt sie in einem winzigen Punkt. Man nennt eine so gebrauchte Sammellinse auch Brennglas, weil sie die Sonnenhitze so konzentriert, dass dadurch Dinge angezündet werden können. Besonders rasch und stark erhitzen sich dunkle Stoffe: Sie nehmen die Sonnenwärme besonders gut auf. Helle Stoffe dagegen strahlen einen großen Teil von Licht und Wärme zurück – deswegen nehmen wir sie als hell wahr.

Warnung
Blicke nicht zu lange auf den hellen Fleck, und schaue niemals durch eine Linse oder ein Fernglas direkt in die Sonne! Du würdest sofort erblinden, weil die gebündelte Sonnenhitze dein Auge verbrennt!

Forscherfrage 48

Kann eine Lupe Bilder malen?

Du brauchst:
- Lupe
- weißes Papier
- Pergamentpapier (Butterbrotpapier)
- Pappkarton
- Stück Pappe oder Papp-röllchen, z. B. von Klopapier
- Schere
- Klebeband

Bei dem Versuch mit dem Brennfleck ist dir vielleicht aufgefallen, dass die Lupe nicht nur das Bild der Sonne abbildete, sondern zum Beispiel auch helle Wolken nahe der Sonne. Es wäre doch interessant herauszufinden, ob man mit der Linse auch ganz normale Landschaftsbilder aufs Papier zaubern könnte.

So geht's: Diesen Versuch solltest du in einem nicht zu hellen Zimmer ausführen, allerdings bei einem offenen Fenster. Halte die Lupe in Brennweitenentfernung vor das weiße Papier und richte beides dann in Richtung Fenster. Du erkennst auf dem Papier ein lichtschwaches Bild der Landschaft draußen. Wenn du den Abstand Linse-Papier etwas veränderst, wird das Bild deutlicher. Allerdings steht es auf dem Kopf. Das Licht, das neben der Lupe vorbeigeht, verschlechtert die Bildqualität doch sehr. Du kannst sie aber verbessern, indem du ein Gerät baust, wie es die Zeichnungen zeigen.

Du brauchst dazu einen Karton, dessen Höhe etwas kleiner ist als die Brennweite deiner Lupe. Die Rückseite schneidest du ganz weg und ersetzt sie durch aufgeklebtes Pergamentpapier (1). Außerdem formst du ein Stück Pappe zu einer etwa 5 cm langen Röhre. Ihr Durchmesser sollte etwas kleiner sein als der Durchmesser der Lupe. Die klebst du mit Klebeband außen an die Röhre (2).

In die Vorderseite des Kartons schneidest du ein Loch, in das die Röhre gerade passt (3). Stecke sie hinein, richte die Linse gegen das Fenster und verschiebe die Röhre, bis das Bild auf dem Pergament scharf ist (4).

Besonders gut kannst du das Bild eines auffälligen, gut beleuchteten Gegenstands erkennen. Richte deine Linse zum Beispiel auf ein Auto, eine Blüte, einen Freund oder auch auf Hund oder Katze im Sonnenschein.

3

4

Das zeigt: Eine Sammellinse bildet die Außenwelt sehr schön als kleines Bild auf Papier etwa in Brennweiten-entfernung ab. Allerdings steht diese Bild auf dem Kopf, weil sich die Lichtstrahlen in der Linse kreuzen.

Man nennt solch ein Gerät, wie du es gebaut hast, „Camera obscura" (lateinisch: geheimnisvolle Kammer). Sie ist seit Jahrhunderten bekannt und wurde früher bisweilen von Malern als Zeichenhilfe genutzt. Auch du kannst die Linien einer Landschaft vorsichtig mit einem weichen Bleistift auf dem Pergament nachzeichnen und dann als Vorlage für ein Bild nutzen. Diese Camera obscura war der Vorläufer der modernen Fotokamera. Auch sie ist im Grunde nichts Anderes als ein Kasten mit Linse. Allerdings hat sie statt des Pergaments einen lichtempfindlichen Chip oder einen Film, und dazu Einrichtungen wie Verschluss und Blende, die die Menge des einfallenden Lichtes steuern.

Löwenzahn

Forscherfrage 49

Wie kann man mit einer Linse Dinge größer sehen?

Ein Vergrößerungsglas heißt ja so, weil es Dinge vergrößert zeigt. Einige der Brillen haben diese Wirkung, und noch stärker vergrößert eine Lupe, wie du sie sicher zu Hause hast. Woran mag das liegen?

Du brauchst:

- **Lupe**
- **Lineal**

So geht's: Nimm zunächst die Lupe zur Hand, wandere damit durch Haus und Garten und schaue dir möglichst viele Dinge vergrößert an. Du wirst staunen: Viele Objekte offenbaren unter der Lupe erstaunliche Einzelheiten. Am Kugelschreiber siehst du zum Beispiel die drehbare Kugel, die ihm den Namen gibt. Ein Stück Brot wird zu einer zerklüfteten, durchlöcherten Landschaft. Bei Ameisen und Fliegen kannst du den Körperbau genau untersuchen.

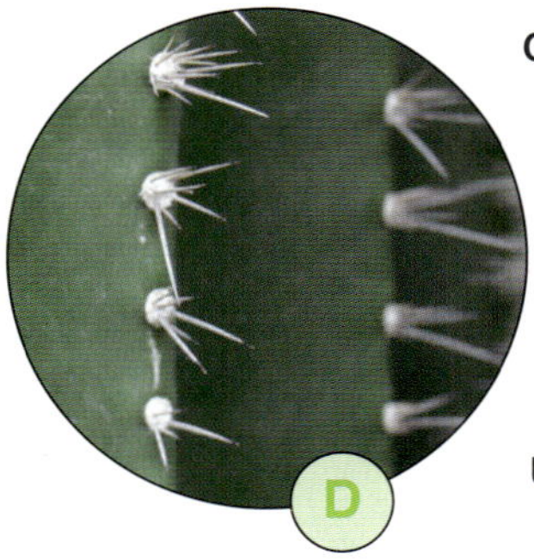

D

Handtuch

Doch warum vergrößert eine Sammellinse eigentlich alle Dinge? Schaue die Buchstaben dieses Textes zunächst mit deiner Lupe an. Miss nach, wie weit du die Lupe vom Text entfernt halten musst, um ihn besonders groß und deutlich zu sehen. Merke dir auch, um wie viel größer du einen bestimmten Buchstaben gesehen hast. Wiederhole den Versuch mit Brillen, soweit sie aus Sammellinsen bestehen.

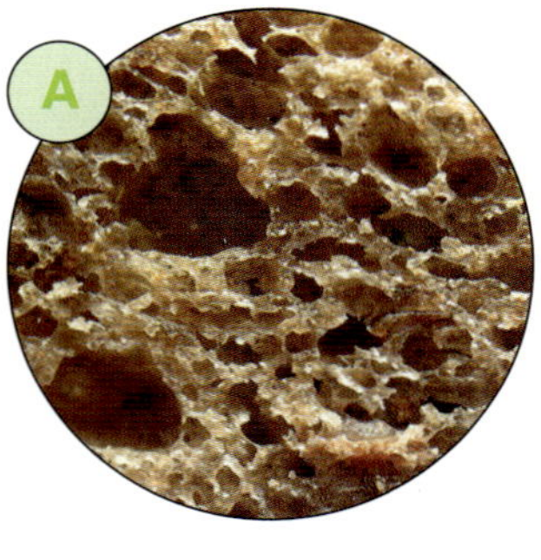

A

Das zeigt: Bei allen Linsen ist das Bild am besten, wenn der Abstand zwischen Linse und Objekt genau der Brennweite der Linse entspricht. Mit einer Lupe sieht man übrigens am besten, wenn man sie direkt ans Auge hält und den zu betrachtenden Gegenstand in Brennweitenabstand davor.

Warum vergrößert eine Lupe überhaupt? Das kannst du dir klar machen, wenn du dir den Weg der Lichtstrahlen vorstellst. Bei einem Brennglas bündelt die Linse die Strahlen, zwingt weit entfernte Strahlen also zusammen.

Brot

Nun können Lichtstrahlen natürlich ihren Weg in beide Richtungen finden. Wenn zum Beispiel im Brennpunkt einer Linse eine helle Lampe sitzt, zieht die Linse deren Licht zu einem Balken auseinander – nach diesem Prinzip funktionieren Scheinwerfer.

Wenn nun eine Ameise dort sitzt, wo der Brennpunkt wäre, zieht die Linse alle Lichtstrahlen, die von jedem Punkt des Ameisenkörpers ausgehen, ebenfalls auseinander. Das bedeutet: Die in Wirklichkeit nur etwa 5 Millimeter kleine Ameise sieht bei 10-facher Lupenvergrößerung aus, als wäre sie 5 Zentimeter lang – und du siehst entsprechend mehr Einzelheiten.

E

Libelle

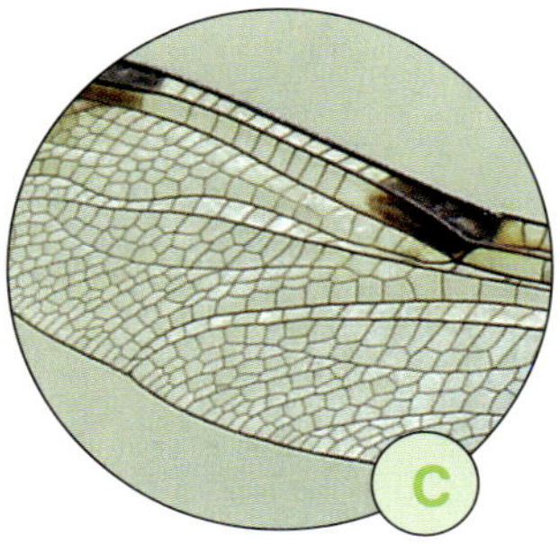

C

Kaktus

B

Spiel

Die mit Buchstaben versehenen Fotos sind Vergrößerungen der abgebildeten Dinge. Findest du heraus, was zueinander gehört? Trage dein Ergebnis ins Forschertagebuch ein!

Großer Mond & kleine Nachtschwärmer

Der Mond ist für uns ein vertrauter Anblick am Nachthimmel und manchmal sehen wir ihn auch am Tage. Schon vor Tausenden von Jahren beobachteten die Menschen den Lauf des Mondes.

Forscherfrage 50

Wie groß ist der Mond?

Bisweilen geht der Vollmond am Horizont so riesig groß auf, dass er zum Greifen nah erscheint. Ist er am Himmel emporgeklettert, wirkt er viel kleiner, aber immer noch beachtlich groß. Was meinst du: Kann man ihn mit einer Erbse am ausgestreckten Arm abdecken? Oder braucht man dazu eine Nuss, einen Apfel oder einen Fußball?

So geht's: Halte nacheinander den Fußball und die anderen Gegenstände am ausgestreckten Arm hoch und schaue, ob du damit den Vollmond abdecken kannst.

Du brauchst:

- **Vollmond am Himmel**
- **Erbse oder ein 1-Cent-Stück**
- **Walnuss**
- **Apfel**
- **Fußball**

Das zeigt: Das hättest du nicht gedacht!? Schon eine Erbse oder ein 1-Cent-Stück reichen aus, den scheinbar so großen Vollmond fast vollständig zu bedecken. Weil er meistens das einzige helle Licht am dunklen Nachthimmel ist, erscheint er unseren Augen viel größer, als er in Wirklichkeit ist.

Forscherfrage 51

Wie zeigt ein Fernglas den Mond?

Mit bloßem Auge erkennst du auf dem Mond nur helle und dunklere Flecken. Du wirst daher staunen, was ein Fernglas oder gar ein Fernrohr alles zeigen!

Du brauchst:
- **Fernglas oder, falls vorhanden, ein kleines Fernrohr**
- **Papier und Stifte**

So geht's: Schaue dir an mehreren Abenden den Mond an, am besten in all seinen verschiedenen Phasen. Bei Vollmond werden dir vor allem helle Streifen auffallen, die sich quer über den Mond ziehen. Noch interessanter ist die Beobachtung der Mondsichel. Dann erkennst du besonders schön an der Hell-Dunkel-Grenze einzelne Erhebungen und zahlreiche runde Einsenkungen. Versuche, im Laufe einiger Tage eine Karte der Mondoberfläche zu zeichnen. Vergleiche sie mit der Mondkarte auf dieser Seite.

Das zeigt: Jahrtausendelang haben die Menschen gerätselt, wie es wohl auf dem Mond aussieht. Erst seit Erfindung des Fernrohrs vor rund 400 Jahren weiß man: Auf dem Mond gibt es Berge, gewaltige Krater, ganze Gebirge und weite, dunkle Flächen. All diesen Gebilden hat man Namen gegeben, einige findest du auf der Karte.

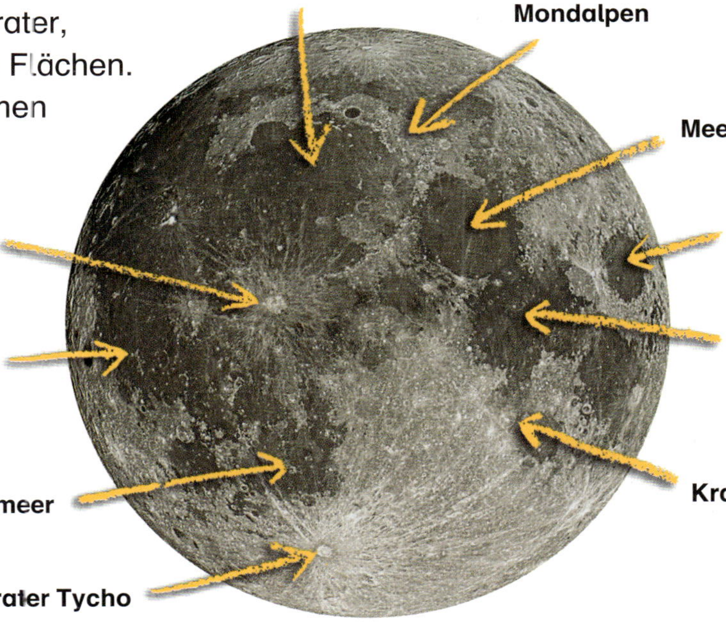

Meere ohne Wasser

Für Schlaumeier

Die dunklen Flecken hielt man in früheren Zeiten für Meere. Inzwischen weiß man, dass es auf dem Mond kein flüssiges Wasser gibt. Die „Meere“ bestehen einfach aus dunklerem Gestein als die anderen Teile der Mondoberfläche. Dieses Gestein ähnelt Lava oder Vulkangestein auf der Erde. Auch die Mondkrater haben zunächst Rätsel aufgegeben.

Man hielt sie für Krater von Vulkanen. Denn auch diese Feuer speienden Berge haben am Gipfel eine kraterförmige Vertiefung, aus der die Lava strömt. Die Mondkrater sind allerdings ganz anders entstanden: durch den Einschlag von gewaltigen Felsbrocken aus dem All, sogenannten Meteoriten, die mit hoher Geschwindigkeit in die Mondoberfläche einschlugen.

Forscherfrage 52

Wie entstehen Mondkrater?

Ahme einmal im Kleinen nach, wie Mondkrater entstehen.

Du brauchst:

- **Plastikschüssel oder tiefer Teller**
- **Mehl**
- **kleiner rundlicher Stein oder Kugel aus Knetmasse**

So geht's: Fülle Teller oder Schüssel etwa drei Zentimeter hoch mit Mehl. Die Oberfläche muss nicht besonders geglättet werden. Lasse den Stein oder die Kugel aus Knetmasse etwa aus einem halben bis einem Meter Höhe aufs Mehl fallen und fische sie dann vorsichtig wieder heraus. Zurück bleibt ein etwa halbkugelförmiger Krater mit einem niedrigen Kraterwall.

Das zeigt: Der Einschlag eines Gegenstands kann Krater erzeugen, die kleineren Mondkratern ähneln. Natürlich ist die Mondoberfläche sehr viel härter als Mehl, dafür schlagen die Brocken aus dem Weltall aber auch mit viel größerer Wucht ein.

Forscherfrage 53

Warum leuchtet der Mond?

Dichter haben ihn oft besungen, den „milden Schein des bleichen Mondes in dunkler Nacht". Aber wieso glänzt der Mond denn überhaupt so hell am Himmel? Glüht er wie eine Leuchtkugel – oder wird er vielleicht nur angestrahlt?

Du brauchst:

- Fernglas oder, falls vorhanden, ein kleines Fernrohr

So geht's: Schau dir den Mond ganz genau an, wenn er eine Sichel bildet. Es sollte möglichst dunkel sein. Neben der hellen Sichel erkennst du dann eine dunkelgraue, rundliche Fläche – offenbar ein Teil des Mondes!

Das zeigt: Der Mond sendet kein eigenes Licht aus, etwa wie die Sonne oder eine Glühbirne. Denn dann müsste er überall leuchten. Vielmehr wird er angestrahlt. Als Lichtquelle dafür kommt nur die Sonne in Frage.

Forscherfrage 54

Warum wechselt der Mond ständig sein Aussehen?

Der Mond, das hast du vielleicht schon erfahren, kreist um die Erde. Und er wird, ebenso wie die Erde, von der Sonne angeleuchtet. Kann das erklären, warum er mal als Scheibe, mal als Sichel am Himmel steht?

Du brauchst:

- **Tischtennisball (notfalls reicht ein Ei)**
- **Schreibtischlampe**
- **dunkles Zimmer**

So geht's: Richte im dunklen Zimmer eine Lampe mit scharfem Strahl auf dich. Halte den Tischtennisball am schräg nach oben ausgestreckten Arm vor dich hin. Pass auf, dass ihn nicht dein Schatten trifft. Du bist jetzt der Beobachter auf der Erde, der Ball soll den Mond darstellen, die Lampe die Sonne.

1

Stelle dich zunächst mit dem Rücken zur Lampe. Die Seite vom Ball, die dir zugekehrt ist, liegt in vollem Lampenschein und erscheint rund: Jetzt ist Vollmond. Drehe dich nun langsam um dich selbst und verfolge dabei, wie sich der Anblick des „Mondes“ ändert. Hast du die Lampe links oder rechts von dir, siehst du nur die Hälfte der beleuchteten Ball-Fläche: Jetzt ist Halbmond (2). Und wenn du schließlich mit dem Gesicht zur Lampe stehst, siehst du nur die dunkle Rückseite des Balles: Jetzt ist Neumond (3).

2

Das zeigt: Die „Mondphasen“ – so nennt man die unterschiedlichen Bilder des Mondes – entstehen nur, weil sich der Mond um die Erde bewegt und dabei von der Sonne beleuchtet wird. Während dieser Bewegung liegt die zur Erde gewandte Seite mal mehr, mal weniger vollständig im Sonnenschein. Um auf dem Ball alle Mondphasen zu sehen, musstest du dich einmal vollständig um dich selbst drehen. Der Ball kreiste dabei sozusagen einmal um dich herum.

3

Der Mond braucht, um alle Phasen zu durchlaufen, etwa einen Monat. Daraus kannst du schließen: Er braucht für eine Umdrehung um die Erde auch ungefähr einen Monat.

Die Mondphasen, von der Erde aus gesehen (nummerierte Bilder) und so, wie sie ein Raumschiff sehr hoch über dem Erd-Nordpol sehen würde. Jede Phase dauert etwa eine Woche.

1. **Neumond:** Der Mond steht in Richtung der Sonne und ist für uns nicht zu erkennen.
2. **Der Mond nimmt zu:** die uns zugewandte Hälfte ist zu einem kleinen Teil beleuchtet, der größere ist noch dunkel.
3. **Halbmond:** Der Mond erscheint halb hell, halb dunkel.
4. **Vollmond:** Die von uns aus sichtbare Mondhälfte ist hell.
5. **Der Mond nimmt wieder ab.**

Forscherfrage 55

Warum zeigt uns der Mond immer das gleiche Gesicht?

Jedes Kind kennt das typische „Mondgesicht“: Im Muster der dunklen Flecken des Mondes kann man mit etwas Fantasie ein Gesicht erkennen. Aber es ist eigentlich erstaunlich, dass der Mond uns immer die gleiche Seite zeigt.

Denn normalerweise drehen sich alle Himmelskörper um sich selbst. Auch die Erde dreht sich bekanntlich in einem Tag einmal um die eigene Achse. Dreht sich der Mond etwa nicht um sich selbst, während er die Erde umrundet?

Du brauchst:

- **Freund/Freundin**
- **10 Meter langes Seil oder Schnur**

So geht's: Lege das Seil zu einem Kreis von etwa drei Metern Durchmesser und stelle dich in die Mitte. Dein Freund oder deine Freundin soll jetzt auf dem Kreis entlanggehen, aber dabei immer das Gesicht zu dir wenden, und du drehst dich mit und siehst ihm auch immer ins Gesicht.

Er soll aber gleichzeitig darauf achten, was er von der Umgebung sieht. Du wirst staunen: Obwohl er dir immer das Gesicht zuwendet, sieht er während einer Umkreisung auch die gesamte Umgebung. Mit anderen Worten: Er dreht sich auch um sich selbst. Und zwar einmal während jeder Umkreisung.

Das zeigt: Der Mond dreht sich durchaus um sich selbst. Man sagt, er rotiert. Aber er braucht für eine Umdrehung exakt die gleiche Zeit wie für einen Umlauf um die Erde, nämlich fast einen Monat. Deshalb wendet er der Erde immer die gleiche Seite zu, so wie dein Freund dir immer sein Gesicht zugewandt hat.

Der Mond in Zahlen

Für Schlaumeier

Unser Begleiter hat rund 3480 Kilometer Durchmesser, also nur ein Viertel des Erddurchmessers. Er ist von uns etwa 384000 Kilometer entfernt, allerdings schwankt die Entfernung zwischen 356000 und 407000 Kilometern, weil die Mondbahn etwas eiförmig (elliptisch) ist.

Ein Mondtag dauert einen ganzen Monat. Die Hälfte der Zeit, also volle 14 Erdtage lang, scheint ständig die Sonne, weitere 14 Tage ist es immer dunkel.

In vollem Sonnenlicht wird die Mondoberfläche 118 Grad Celsius heiß (also heißer als kochendes Wasser auf der Erde!), in der Mondnacht aber wird es dagegen minus 153 Grad kalt.

Der erste Mensch betrat 1969 die Mondoberfläche, der amerikanische Astronaut Neil (gesprochen: niil) Armstrong. Er sprach in sein Funkgerät den berühmten Satz: „Dies ist ein kleiner Schritt für mich, aber ein großer Schritt für die Menschheit.“

Von Schneeflocken & Eiskristallen

Wieder ist es Winter geworden. Seen und Pfützen sind zugefroren, aus grauen Wolken rieseln feine Flocken und überziehen alles mit einer weißen Decke. Doch was ist das eigentlich, was da vom Himmel fällt?

Forscherfrage 56
Woraus besteht Schnee?

Das weiß ich schon, wirst du jetzt denken: aus gefrorenem Wasser, also Eis. Das ist aber nur die halbe Antwort. Mach dieses Experiment und staune.

Du brauchst:
- **1-Liter-Messbecher**
- **frisch gefallener Schnee**

1

2

So geht's: Fülle den Messbecher mit frischem Schnee (1). Gib den Schnee aber nur mit leichtem Druck in den Behälter, stopfe ihn nicht mit Kraft hinein. Ist der Messbecher voll, hast du einen Liter Schnee darin (2). Stelle ihn an einen warmen Ort und schau von Zeit zu Zeit nach. Der Schnee schmilzt, zurück bleibt Wasser. Aber wie viel? Nur etwa ein Zehntel bis ein Fünftel Liter (3).

3

Das zeigt: Frisch gefallener Schnee besteht zum größten Teil aus Luft. Beim Schmelzen entweicht sie. Nur ein kleiner Teil des Schnees besteht aus Eis, das beim Schmelzen zu flüssigem Wasser wird.

Schützende weiße Decke

Kein Wunder, dass frischer Schnee so leicht ist, wenn er vor allem aus Luft besteht. Übrigens ist für viele Pflanzen und Tiere eine Schneedecke überlebenswichtig: Sie hilft ihnen, tief im Boden verborgen die frostige Zeit zu überstehen.

Denn die Luft, die im Schnee eingeschlossen ist, wirkt ebenso wie die Luft zwischen den Federn einer Bettdecke: Sie hält warm und schützt so die Bodentiere vor Frost.

Forscherfrage 57

Warum ist frischer Schnee so leicht?

Schnee und Regen fallen beide vom Himmel auf die Erde. Ein Regentropfen aber fällt rasch, eine Schneeflocke dagegen schwebt langsam herab. Warum ist ein Regentropfen viel schneller als eine Schneeflocke von gleicher Größe?

Du brauchst:

- schwarzer Stoff
- Lupe
- fallende Schneeflocken

So geht's: Lege den schwarzen Stoff zunächst eine Stunde in eine kalte Umgebung. Fange die herabrieselnden Schneekristalle mit dem Stoff auf. Schaue sie gleich mit der Lupe an – längeres Warten zerstört ihre vergängliche Schönheit und auch ein Atemhauch lässt sie zerschmelzen.

Meist erkennst du feine Sternchen, die in einer Flocke zusammenhängen (bei großer Kälte allerdings fällt der Schnee in Form von feinen Plättchen). Jedes dieser Schneesternchen hat genau sechs Strahlen; es sei denn, einige sind abgebrochen. Die Schneesterne sind aus Eis, denn sie schmelzen in der Wärme zu flüssigem Wasser.

2

Das zeigt: Schneeflocken bestehen aus zahlreichen Schneesternen, deren Strahlen sich verhakt haben. Dadurch schließen sie viel Luft ein. Außerdem sind sie so viel größer als ein gleich schwerer Regentropfen und segeln daher gemächlich zur Erde – so wie ein Stück Papier langsamer zu Boden gleitet als eine gleich schwere Papierkugel.

Wunderschöne Vielfalt

Schon gewusst?

Jeder Schneestern hat übrigens ein etwas anderes Aussehen: Es gibt Schneekristallbeobachter, die Tausende von Schneesternen untersucht und fotografiert haben und darunter keine zwei exakt gleichen gefunden haben. Denn jeder Kristall durchfliegt verschieden warme und feuchte Luftschichten. Das hat natürlich starken Einfluss auf das Wachstum der Eiskristalle, und weil die Bedingungen der Umgebung ständig wechseln, entstehen so viele unterschiedliche Formen. Alle aber haben sechs Ecken oder Strahlen.

Wie Schnee entsteht

1 Schnee bildet sich hoch oben in den Wolken. Wolken enthalten viel Wasserdampf.

2 Der Wasserdampf lagert sich an winzige Staubteilchen an und gefriert dabei zu Eis.

3 Während Winde diese zunächst winzigen Eiskristalle umherwirbeln ...

... lagert sich immer mehr Wasserdampf an und lässt sie wachsen. Bei kalten Temperaturen bilden sich dabei sechseckige Plättchen, bei etwas höheren Temperaturen sechsstrahlige Sterne.

4 Schließlich sind die Schneesterne so groß, dass sie zu Boden sinken. Oft sind sie dann mit anderen Schneesternen verzahnt und bilden so Schneeflocken.

Forscherfrage 58

Warum ist Schnee weiß?

Dass Schnee weiß ist, ist für uns selbstverständlich. Aber du weißt ja, woraus Schnee besteht: aus Luft und Eis. Luft ist nicht weiß. Und Eis auch nicht – das weißt du von der Eisschicht auf einer Pfütze oder vom Eiswürfel aus dem Gefrierfach. Ob es vielleicht die Mischung macht?

Du brauchst:

- Eiswürfel
- Gabel
- farblose Folie (Frischhaltefolie aus der Küche)
- Eiweiß von einem rohen Ei
- Rührbesen
- weißes Papier
- Taschenlampe

So geht's: Kratze mit der Gabel etwas Eis vom Eiswürfel ab. Du erhältst kein farbloses, sondern ein weißes Pulver, offenbar ein Gemisch aus winzigen Eiskristallen und Luft.

Farblose Stoffe kräftig mit Luft gemixt ergeben offenbar immer Weiß. Du kennst das etwa vom Seifenwasser, das weißen Schaum bildet. Einen noch schöneren Schaum formt Eischnee. Schlage das Eiweiß kräftig mit dem Rührbesen (2).

1

2

3

Du siehst: Je mehr Luftbläschen du durch das Schlagen erzeugst, desto stärker verändert es sich von einer farblosen Flüssigkeit zu strahlend weißem Eischnee-Schaum (3).

Das zeigt: Tatsächlich kann man farblose Dinge weiß machen, wenn man sie mit Luft vermischt. Doch was steckt eigentlich genau dahinter?

Offenbar ist das eine Erscheinung, die mit dem Licht zu tun hat. Denn Schnee ist bekanntlich dann besonders strahlend weiß, wenn er kräftig von der Sonne beschienen wird. Aber hast du schon einmal Schnee bei völliger Dunkelheit gesehen? Schaue ihn dir einmal in einem dunklen Zimmer an! Dann ist er nämlich auch unsichtbar wie alles andere. Es hängt also offenbar mit der Beleuchtung zusammen, ob etwas weiß erscheint.

So geht's: Lasse den Lichtstrahl der Taschenlampe durch die glatte Folie auf das Papier fallen. Das Licht – das erkennst du an dem Schatten auf dem Papier – wird durch die Folie nur geringfügig geschwächt. Dafür wirft die Folie aber auch nur wenig Licht zurück, denn sie ist kaum sichtbar.

Zerknülle jetzt die Folie zu einem kleinen Ball (1) und halte ihn in den Lichtstrahl. Der Ball ist nicht mehr durchsichtig, sondern erscheint weiß (2). Und er wirft einen kräftigen Schatten aufs Papier, lässt also viel weniger Licht durch als die glatte Folie (3).

Das zeigt: Ob ein Gegenstand durchsichtig erscheint oder weiß, hängt damit zusammen, wie er das auftreffende Licht beeinflusst. Stelle dir den Weg des Lichts vor. Bei der glatten Folie kommt es problemlos hindurch, nur ganz wenige Lichtstrahlen werden von der glatten Oberfläche der Folie zurückgespiegelt.

Anders bei der zerknüllten Folie. Dort geraten sie in eine Art Irrgarten. Nachdem sie in den Ball eingedrungen sind, treffen sie immer wieder auf ein anderes Stück Folie. Die Lichtstrahlen werden dabei ständig in eine andere Richtung gelenkt. Nur ganz wenigen gelingt es, bis zum Papier hindurchzuschlüpfen; daher der Schatten. Die meisten fliegen vom Ball aus in ganz unterschiedliche Richtungen davon (4), nicht wenige kommen auch von verschiedenen Stellen des Balls aus zurück in dein Auge. Und daher erscheint der Ball dem Auge weiß.

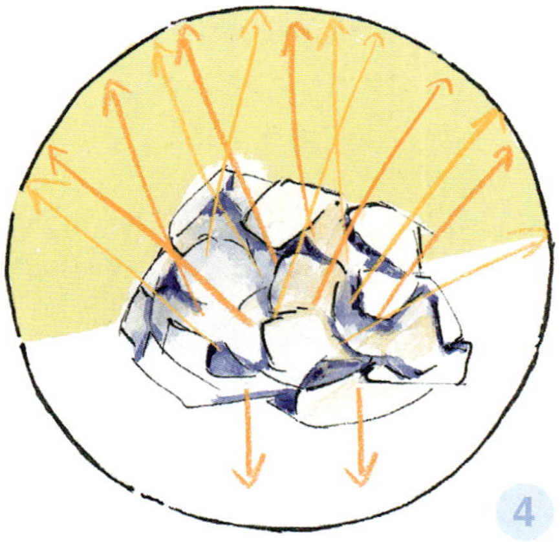

Beim Schnee sind es die vielen Eiskristalle, die den Weg der Lichtstrahlen verändern. Beim Eischnee und beim Seifenschaum tun das die Oberflächen der Bläschen.

Schnee wird alt

Beobachte einmal, was mit frisch gefallenem Pulverschnee in den folgenden Tagen geschieht. Anfangs ist er noch weich und luftig. Aber das bleibt nicht so. Selbst wenn es in den nächsten Tagen noch kalt ist, wird er schwerer und weniger luftig. Denn die feinen Nadeln der Schneesterne schmelzen zum Teil und gefrieren wieder, der Schnee sackt langsam zusammen – „Neuschnee“ wird zu „Altschnee“.

Scheint dagegen bei großer Kälte die Sonne, taut ihre Wärme nur die Schneeoberfläche an. Dort entsteht dann eine festere Schicht aus dichtem, wieder gefrorenem Schnee und Eis, der „Harsch“. Darunter bleibt der Schnee locker. Gehst du über Harschschnee, durchbrichst du die gefrorene Schicht und sackst leicht ein.

Hoch oben im Gebirge gibt es schließlich noch „Firn“. So nennt man Schnee, der schon über ein Jahr liegt und durch mehrfaches Antauen und Wiedergefrieren ziemlich hart und dicht geworden ist.

Schnee ist nicht gleich Schnee

Es gibt viele unterschiedliche Sorten Schnee. Am leichtesten ist der feine „Pulverschnee“. Er fällt, wenn es recht kalt ist (deutlich unter Null Grad Celsius). Für Schneeballschlachten eignet er sich allerdings weniger gut, denn er backt schlecht zusammen.

Das tut dagegen der „Feuchtschnee“. Er fällt, wenn es etwas wärmer ist (um Null Grad Celsius). Zwischen seinen Schneesternen enthält er winzige Tröpfchen flüssigen Wassers. Presst man ihn zusammen, gefrieren sie und halten den Schneeball zusammen.

Ist es noch etwas wärmer, fällt bisweilen sogar „Nassschnee“ vom Himmel. Er enthält etwas flüssiges Wasser und ist besonders schwer und klebrig – manchmal bricht er mit seinem Gewicht Äste von Bäumen ab.

Index

Impressum

Hinweis: Die Experimente in diesem Buch sind von Autor und Verlag sorgfältig ausgewählt und geprüft worden. Dennoch kann keine Garantie übernommen werden. Eine Haftung seitens des Autors oder Verlags ist ausgeschlossen.

Bildquellennachweis: Archiv Tessloff Verlag: S. 11, 13, 57, 59, 63, 66, 71, 75, 79, 81, 94ul; Corbis: S. 6; Focus: S. 9, 65; Kenneth G. Libbrecht, USA: S. 75; Mauritius: S. 45; Picture Alliance: S. 79; Pixelio: S. 88, 94m, 95 (alle); Zefa: S. 23.

Die Schreibweise entspricht den Regeln der neuen Rechtschreibung.

Burgschmietstraße 2–4, 90419 Nürnberg
www.tessloff.com; www.wasistwas.de

ISBN 978-3-7886-1376-1

Forscher-tagebuch von

Vorwort

Dies ist dein ganz persönliches Forschertagebuch, in dem du deine Beobachtungen und die Ergebnisse deiner Versuche festhalten kannst – genauso wie es auch ein großer Forscher tut. Als Erstes kannst du deinen Namen und deine Anschrift vorne eintragen.
Für jeden Versuch haben wir einige Felder mit spannenden Aufgaben vorbereitet. Meist kannst du deine Ergebnisse einfach durch Ankreuzen festhalten. Achtung: Bei einigen Feldern sind auch mehrere Kreuze möglich! Bei anderen Feldern reichen wenige Worte zum Ausfüllen oder es sind Messergebnisse einzutragen.
Manche Versuche, etwa mit Pflanzen, ziehen sich über mehrere Tage hin. Daher solltest du in die entsprechenden Felder das jeweilige Datum eintragen.
Manchmal findest du bei den Versuchen Vorschläge für weitere Experimente und bisweilen auch Fragen, durch deren Beantwortung du feststellen kannst, ob du das jeweilige Experiment richtig verstanden hast.

Noch ein paar Tipps zum Experimentieren:
Einige Versuche erfordern besondere Wetterbedingungen, zum Beispiel Regen oder eine klare Nacht. Und Versuche mit Schnee kannst du natürlich nur im Winter durchführen.
Ein guter Wissenschaftler ist meist auch ein guter Beobachter. Du solltest dich daher bemühen, bei deinen Versuchen genau hinzusehen und vor dem Ausfüllen der Felder im Forschertagebuch gut zu überlegen.

Bewahre dein Forschertagebuch gut auf! Du kannst später immer wieder hineinsehen und es zum Vergleich heranziehen, wenn du ähnliche Versuche durchführst.

Viel Spaß beim Forschen mit
Schlaumeier & Co!

Forscherfrage 1

Wie nennt man es,
wenn Wasser einfach in
die Luft verschwindet?

- ◯ versickern
- ◯ verdunsten
- ◯ kondensieren

Forscherfrage 2

Halte in der folgenden Tabelle durch Ankreuzen deine Beobachtungen fest!

Beginn der Versuche (Datum): ________________

An welchem Tag ist noch Wasser im Teller?

	1.Tag	2.Tag	3.Tag	4.Tag	5.Tag	6.Tag	7.Tag	8.Tag	9.Tag	10.Tag
große Wasseroberfläche										
kleine Wasseroberfläche										
nahe der Heizung										
an kühlem Ort										
mit Ventilator										
an windstillem Platz										

Wann ist also jeweils
die Verdunstung größer?

Bei
- ◯ höherer Temperatur?
- ◯ niedrigerer Temperatur?
- ◯ größerer Fläche?
- ◯ kleinerer Fläche?
- ◯ starker Luftbewegung?
- ◯ schwacher Luftbewegung?

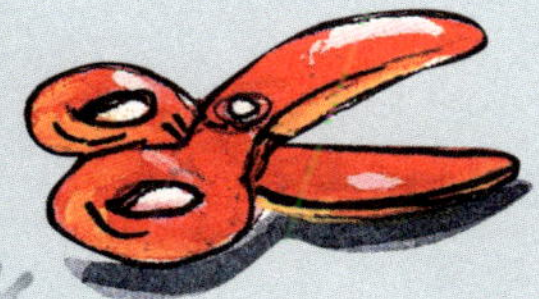

Forscherfrage 3

Zeichne hier eine Skizze
deines Luftfeuchtigkeitsmessers
oder klebe ein Foto von ihm ein!

Forscherfrage 4

In welcher Form erscheint kondensiertes Wasser? Als ...

- ◯ **Wasserfall**
- ◯ **See**
- ◯ **Tropfen**

Hier habe ich schon Tropfen von kondensiertem Wasser gesehen:

- ◯ **an einem Glas mit kaltem Getränk**
- ◯ **an einer Fensterscheibe**
- ◯ **auf dem Badezimmerspiegel**

weitere:

____

____

____

Forscherfrage 5

Lege dir ein Wolkentagebuch an! Trage ein, wenn du eine der abgebildeten Wolkenarten gesehen hast, und notiere, wie sich das Wetter danach entwickelte.
Nutze dazu die Abkürzungen:
N = Niederschlag (Regen oder Schnee), B = bedeckt,
L = leicht bewölkt, S = stark bewölkt, W = wolkenlos.

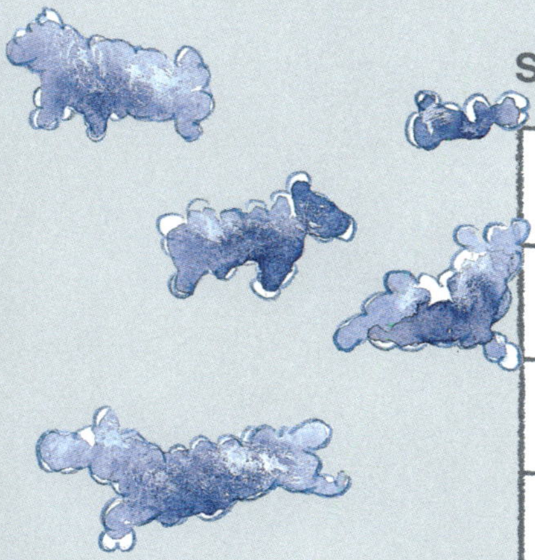

Schäfchenwolken

Datum				
Uhrzeit				
nach etwa 4 Stunden				
am nächsten Tag				

Schleierwolken

Datum				
Uhrzeit				
nach etwa 4 Stunden				
am nächsten Tag				

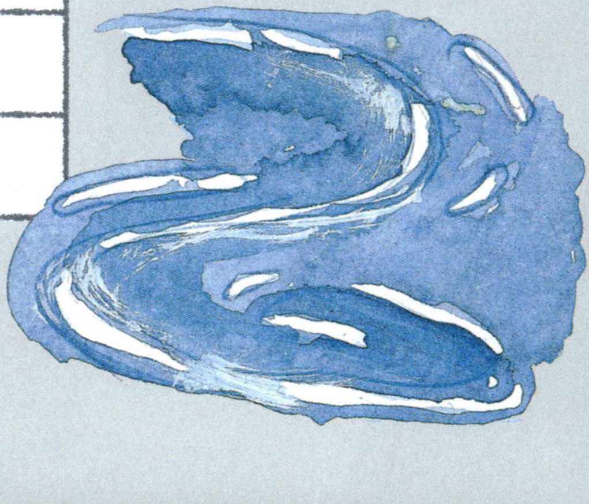

Quellwolken

Datum				
Uhrzeit				
nach etwa 4 Stunden				
am nächsten Tag				

Schönwetterwolken (Haufenwolken)

Datum				
Uhrzeit				
nach etwa 4 Stunden				
am nächsten Tag				

Regenwolken

Datum				
Uhrzeit				
nach etwa 4 Stunden				
am nächsten Tag				

Forscherfrage 6

Zeichne hier eine Skizze
deines Mini-Pflanzengartens
oder klebe ein Foto von ihm ein!

Beginn des Versuchs (Datum): ____________________

Pflanzengarten abgebildet am: ____________________

Forscherfrage 7

Klebe hier je ein Exemplar von einer grünen und einer gelblichen, ohne Licht aufgewachsenen Kressepflanze ein. Dazu musst du sie zuerst trocknen und pressen. Schichte etwa fünf Blatt Küchenpapier aufeinander. Breite auf dem obersten Blatt die beiden Pflanzen nebeneinander aus, lege ein weiteres Blatt vorsichtig darauf und dann etwa fünf weitere Blätter. Auf diesen Stapel wuchtest du mehrere schwere Bücher. Nach einem Tag nimmst du den Stapel auseinander, wechselt das Küchenpapier gegen frisches aus und türmst wieder die Bücher auf. Dann lässt du alles einige Tage ruhig liegen. Schließlich holst du die nun trockenen Pflanzen heraus und klebst sie mit etwas Klebeband ins Tagebuch. Vorsicht: Sie sind in trockenem Zustand sehr zerbrechlich! Übrigens: Eine Sammlung aus so haltbar gemachten Pflanzen nennt man ein Herbarium.

Beginn des Versuchs (Datum): ____________________

Pflanzenentnahme am: ____________________

Eingeklebt am: ____________________

Forscherfrage 8

An welchem Folgetag erschien der Spross in der Öffnung? Kreuze an und notiere, welche Länge er an den Tagen danach hatte! Beginn (Datum): ________

1. Tag	2. Tag	3. Tag	4. Tag	5. Tag	6. Tag	7. Tag
8. Tag	9. Tag	10.Tag	11.Tag	12.Tag	13.Tag	14.Tag

So sah der Spross nach dem Öffnen des Deckels aus (Skizze oder Foto):
Datum der Zeichnung bzw. des Fotos:

____

Forscherfrage 9

Trage hier ein, wie hoch der Wasserspiegel an jedem Folgetag ist. Du misst ihn dazu einfach von der Tischfläche aus mit einem Lineal.

Beginn des Versuchs (Datum): ____________________

So veränderte sich der Wasserstand im Glas: Gib ihn in Zentimetern (abgekürzt: cm) an.

1. Tag	2. Tag	3. Tag	4. Tag	5. Tag	6. Tag	7. Tag
cm						

Forscherfrage 10

Wie viel Wasser erkennst du an der Innenseite des Plastikbeutels? Kreuze an!

Datum	keine Tröpfchen	wenige Tröpfchen	viele Tröpfchen	Bemerkungen

Forscherfrage 11

Beginn des
Versuchs (Datum): ______________________

Kreuze an, nach welcher Zeit die ersten Bläschen im Glas sichtbar waren!

1 Stunde	2 Stunden	3 Stunden	4 Stunden	5 Stunden	6 Stunden

Menschen und Tiere bilden ein Gas, das Pflanzen zum Leben brauchen:

K ______________________

Pflanzen geben ein Gas ab, das Menschen und Tiere zum Atmen brauchen:

S ______________________

Forscherfrage 12

Wähle dir für diesen Versuch einen Tag aus, der über die gesamte Mittagszeit wolkenlos zu sein verspricht. Trage ab 10 Uhr vormittags jede Viertelstunde die Länge des Schattens ein, wie du sie mit dem Lineal ermittelt hast! Gib die Schattenlängen in Zentimetern (abgekürzt: cm) an.

10.00	10.15	10.30	10.45	11.00	11.15	11.30	11.45
cm							
12.00	12.15	12.30	12.45	13.00	13.15	13.30	13.45

Forscherfrage 13

Trage hinter jeder Frage die richtige Zahl ein:

Wie viele Minuten hat eine Stunde? ____________

Wie viele Stunden hat ein Tag? ____________

Wie viele Tage hat ein Jahr? ____________

Wie viele Jahre hat ein Jahrhundert? ____________

Forscherfrage 14

Wenn die Figur in Europa in vollem Sonnenlicht steht (Mittag), welche Tageszeit haben dann die anderen Figuren? Kreuze an!

Für die Figur in ...	Morgen	Mittag	Abend	Nacht
New York in Nordamerika ist es ...				
Südafrika ist es ...				
auf der Hawaii-Insel im Pazifik ist es ...				
in Australien ist es ...				

Lösung auf Seite 48

Forscherfrage 15

Naturwissenschaftler geben sich mit Begriffen wie „größer“ oder „kleiner“ nicht zufrieden. Sie möchten das Versuchsergebnis immer gerne in Zahlen haben, weil sie wissen, dass Zahlenangaben genauer sind als einfache Beschreibungen. Daher solltest auch du deinen Versuch so auswerten, dass du Zahlenangaben bekommst.
Dazu wiederholst du ihn, benutzt aber diesmal kariertes Papier.
Ziehe mit dem Bleistift jeweils einen Strich um die Grenze des Lichtkegels. Diese Grenze ist zwar unscharf, aber du kannst sie trotzdem abschätzen – das genügt in diesem Fall.
Zähle dann einfach die Karos innerhalb des Bleistiftstrichs und vergleiche die Zahlen.

Bei senkrechter Beleuchtung ◯ Karos

Bei schräger Beleuchtung ◯ Karos

Forscherfrage 16

Kreuze in der Tabelle die Ergebnisse deiner Versuche an:

offene leere Flasche, kopfüber halb ins Wasser getaucht	füllt sich	
	füllt sich nicht	
offene volle Flasche, kopfüber oberhalb der Wasseroberfläche	leert sich	
	leert sich nicht	
offene volle Flasche, kopfüber mit Öffnung unterhalb der Wasseroberfläche	leert sich	
	leert sich nicht	

Forscherfrage 17

Es wäre doch interessant zu wissen, welches Gewicht die entwichene Luft bei deinem Versuch hatte. Dazu musst du nur ein entsprechendes Gewicht auf den Waagearm mit dem leeren Luftballon bringen, sodass die Waage wieder im Gleichgewicht ist. Für ein ungefähres Abschätzen dieses Gewichtes eignen sich die üblichen Streichhölzer – etwa 10 Stück wiegen zusammen ein Gramm. Schneide also den zusammengesunkenen Ballon an einer Seite etwas auf und stecke ein Hölzchen nach dem anderen hinein, bis der Kleiderbügel wieder gerade hängt. Trage nun die Zahl ein:

______ Hölzchen waren dazu nötig.

Forscherfrage 18

Wo existiert deiner Meinung nach ein luftleerer Raum – oder wenigstens ein Raum, in dem der Luftdruck niedriger ist als außerhalb?

- ◯ im Weltall
- ◯ in einem Trinkhalm beim Saugen
- ◯ in einem aufgeblasenen Luftballon
- ◯ in einem Fahrradreifen
- ◯ in einem Saughaken
- ◯ auf dem Mond
- ◯ in einem verschlossenen Einmachglas
- ◯ in einer Fernseh-Bildröhre
- ◯ in einer Kesselpauke
- ◯ in der Lunge beim Einatmen
- ◯ in der Lunge beim Ausatmen
- ◯ in einer umgedrehten, ins Wasser getauchten Flasche

Lösung auf Seite 48

Forscherfrage 19

Dein Versuch hat dir gezeigt, in welche Richtung sich erwärmte Luft bewegt. Das Windrad bewegte sich:

- [ ] über der brennenden Kerze
- [ ] über der nicht brennenden Kerze
- [ ] über der heißen Herdplatte

Die Schlange, die du im Buch als Vorlage findest, windet sich von innen nach außen im Uhrzeigersinn, also in der Richtung, die auch ein Uhrzeiger nimmt. Probiere sie aus und merke dir ihre bevorzugte Drehrichtung. Zeichne dir dann eine Schlange, die sich gegen den Uhrzeigersinn windet, und probiere sie ebenfalls aus. Kannst du einen Unterschied in der bevorzugten Drehrichtung feststellen?

Forscherfrage 20

Wo hast du schon flimmernde, also aufsteigende warme Luft gesehen? Kreuze an:

- ◯ bei einem Lagerfeuer
- ◯ in einem Kamin
- ◯ über einem Schornstein
- ◯ in einem Heißluftballon
- ◯ an einer Weihnachtspyramide
- ◯ über einer Kerzenflamme
- ◯ über einem sonnenbeschienenen Dach
- ◯ über einem Grill
- ◯ über einer heißen Asphaltstraße
- ◯ über einem Autodach im Sonnenschein

Forscherfrage 21

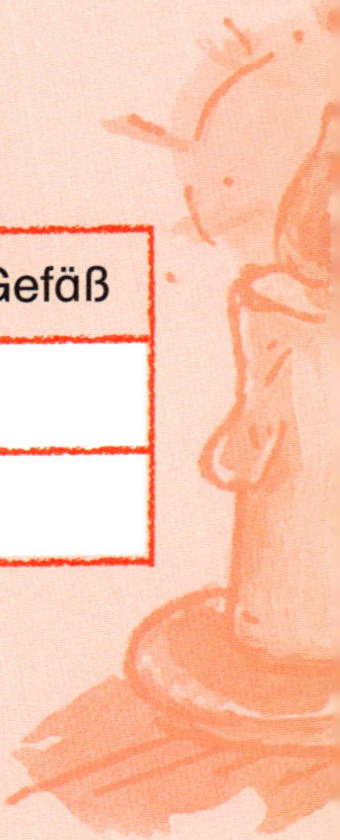

Welches Gefühl hast du beim Eintauchen?
Warm, kalt oder lauwarm? Notiere es in der Tabelle!

Hand	linkes Gefäß	mittleres Gefäß	rechtes Gefäß
linke Hand			
rechte Hand			

Forscherfrage 22

Lies die Temperatur an verschiedenen Orten ab und trage sie in die Tabelle ein! Du kannst dafür dein selbst gebautes Thermometer oder ein vorhandenes Zimmerthermometer nutzen. Lasse das Thermometer jeweils am vorgesehenen Ort einige Minuten liegen, damit es die dortige Temperatur annimmt und richtig anzeigt.
Die Temperatur gibt man in Grad Celsius an, abgekürzt: °C.

Ort der Messung	morgens	mittags	nachmittags	abends
Wohnzimmer	°C			
Küche				
Keller				
Terrasse od. Balkon				
Garten (im Schatten)				
Garten (in der Sonne)				

Forscherfrage 23

Trage hinter jeder Frage die richtige Zahl in Grad Celsius ein!

Bei welcher Temperatur gefriert Wasser? ______ Grad Celsius

Welche Körpertemperatur hat ein gesunder Mensch etwa? ______ Grad Celsius

Bei welcher Temperatur siedet Wasser? ______ Grad Celsius

Wie heiß ist frisch quellende Lava ungefähr? bis ______ Grad Celsius

Wie heiß ist die Sonnenoberfläche? ______ Grad Celsius

Wie heiß etwa ist ein Blitz? ______ Grad Celsius

Lösung auf Seite 48

Forscherfrage 24

In welcher Reihenfolge schmolz die Butter an den Löffeln (1 – 2 – 3)?

Reihenfolge

Plastiklöffel ______

Metalllöffel ______

Holzlöffel ______

Forscherfrage 25

Trage die im Versuch abgelesenen Temperaturen in der Tabelle ein!

Gefäß	Temperatur zu Beginn	Temperatur nach 15 Min.
Glas im Karton	Grad Celsius	Grad Celsius
Glas im Handtuch	Grad Celsius	Grad Celsius
nicht verpacktes Glas	Grad Celsius	Grad Celsius

Forscherfrage 26

Untersuche mit einer Lupe den Stoff einiger Stoffregenschirme, dazu einen typischen Regentropfen auf dem Gewebe. Zeichne, was du siehst. Zeichne so, dass man die Größe der Löcher im Vergleich zum Tropfen erkennen kann!

Forscherfrage 27

In das volle Glas passten noch ______ Münzen hinein.

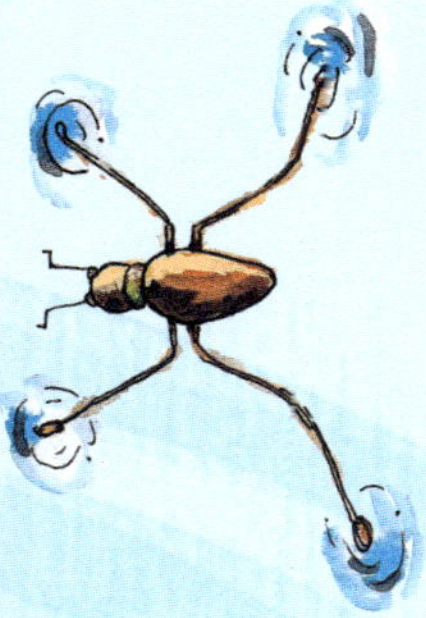

Versuche, auf dem Wasserhäutchen leichte Gegenstände schwimmen zu lassen. Womit ist es dir gelungen?

- Münze
- Stecknadel
- Büroklammer
- Pfefferpulver
- Nagel
- Mehl

Forscherfrage 28

Wissenschaftler wollen nicht nur wissen, welche Einflüsse einen Versuch stören, sondern auch, wie stark sie wirken. Probiere also aus, wie oft du ein mit Spülmittel verunreinigtes Glas spülen musst, bis die Wirkung des Mittels verschwunden ist.
Fülle für diesen Kontrollversuch einen Tropfen Spülmittel in ein Glas, fülle es dann einmal mit kaltem Wasser auf, schütte das Wasser aus und fülle das Glas erneut. Trägt das Wasser nun eine feine Nadel oder eine Büroklammer? Wiederhole den Versuch, aber spüle dann zwei Mal, drei Mal und schließlich vier Mal. Ab wann bleibt der Gegenstand an der Oberfläche? Notiere deine Beobachtungen!

1x Spülen	2x Spülen	3x Spülen	4x Spülen

Forscherfrage 29

Probiere aus, welche Stoffe sich vom Wasser benetzen lassen, also richtig feucht werden, und bei welchen es gleich wieder abperlt. Kreuze an und überlege dir noch zwei weitere Stoffe!

Dieses Material ...	... lässt sich benetzen	... perlt ab
Butter		
Kerzenwachs		
Kunststoff		
Garn		
Scheibe Brot		
Stück Käse		
Zuckerwürfel		
Schreibmaschinenpapier		

Forscherfrage 30

Eine frische Feder...

... wird mit Wasser nass

... lässt das Wasser abperlen

Eine mit Seifenwasser gespülte Feder ...

... wird mit Wasser nass

... lässt das Wasser abperlen

Eine frische Feder ...

... nimmt Speiseöl auf

... lässt Speiseöl abperlen

Dass Seife Fett nicht nur aus Vogelfedern auswäscht, kannst du in der Küche ausprobieren. Fette einen Teller mit etwas Butter oder Margarine ein. Fülle warmes Wasser (aber noch kein Spülmittel) in die Spülschüssel und versuche, ihn damit und mit Schwamm oder Bürste sauber zu bekommen.
Gib dann etwas Spülmittel ins Wasser und probiere es erneut. Geht es so besser? Das Spülmittel hilft dem Wasser, das Fett der Butter oder Margarine aufzunehmen. Es löst sich damit leichter vom Porzellan und bleibt im Spülwasser verteilt, sodass es damit zusammen weggeschüttet werden kann.

Forscherfrage 31

Zeichne einen Regenbogen vom Himmel ab und schreibe jeweils die Farben dazu. Auf welcher Seite ist Rot, auf welcher Violett? Wenn du eine CD gegen das Licht hältst – siehst du dann die gleiche Reihenfolge der Farben? Zeichne auch sie!

Regenbogen

CD

Forscherfrage 32

Schaue dir den Fernsehbildschirm durch eine Lupe an und zeichne mit Farbstiften, was du siehst!

Zeichne ein Feld mit kleinen, abwechselnd roten und grünen Punkten und schaue es dann aus einigen Metern Entfernung an. Was siehst du? Probiere das auch mit anderen Farbmischungen!

Forscherfrage 33

Lasse das Licht von zwei oder drei Lampen mit Farbfiltern zusammen auf ein Blatt weißes Papier fallen. Die Lampen sollten möglichst gleich hell sein. Kreuze die jeweils entstehende Mischfarbe an!

Farben	Rot + Grün	Rot + Blauviolett	Grün + Blauviolett	Rot+ Grün + Blauviolett
Rosa				
Orange				
Gelb				
Blau				
Grün				
Weiß				
Schwarz				
Braun				
Hellviolett				
Grau				

Forscherfrage 34

Was machen die Farbfolien mit den Farben verschiedener Gegenstände? Kreuze an, was nach deinen Beobachtungen richtig ist!

Rote Folie:

Rot wirkt heller	☐	dunkler	☐
Grün wirkt heller	☐	dunkler	☐
Blau wirkt heller	☐	dunkler	☐
Gelb wirkt heller	☐	dunkler	☐

Grüne Folie:

Rot wirkt heller	☐	dunkler	☐
Grün wirkt heller	☐	dunkler	☐
Blau wirkt heller	☐	dunkler	☐
Gelb wirkt heller	☐	dunkler	☐

Blaue Folie:

Rot wirkt heller	☐	dunkler	☐
Grün wirkt heller	☐	dunkler	☐
Blau wirkt heller	☐	dunkler	☐
Gelb wirkt heller	☐	dunkler	☐

Gelbe Folie:

Rot wirkt heller	☐	dunkler	☐
Grün wirkt heller	☐	dunkler	☐
Blau wirkt heller	☐	dunkler	☐
Gelb wirkt heller	☐	dunkler	☐

Forscherfrage 35

Mische deine Wasserfarben und notiere, welche Mischfarbe entsteht, wenn du jeweils etwa gleiche Mengen mischst:

Rot + Gelb ergibt ____________

Grün + Gelb ergibt ____________

Grün + Blau ergibt ____________

Rot + Blau ergibt ____________

Grün + Rot ergibt ____________

Blau + Gelb ergibt ____________

Probiere auch jeweils unterschiedliche Mengen aus. Was geschieht, wenn du weiße oder schwarze Farbe hinzumischst oder mehr als zwei Farben zusammenrührst? Wird das Gemisch heller oder dunkler als die Ausgangsfarben?

Wie sieht weißes Licht durch die jeweiligen Farbfolien gesehen aus?

Rote Folie ergibt ____________ Licht

Grüne Folie ergibt ____________ Licht

Blauviolette Folie ergibt ____________ Licht

Gelbe Folie ergibt ____________ Licht

Rote + grüne Folie ergibt ____________ Licht

Rote + gelbe Folie ergibt ____________ Licht

Blauviolette + rote Folie ergibt ____________ Licht

Blauviolette + grüne Folie ergibt ____________ Licht

Blauviolette + gelbe Folie ergibt ____________ Licht

Grüne + gelbe Folie ergibt ____________ Licht

Rote + grüne + blauviolette Folie ergibt ____________ Licht

Forscherfrage 36

Klebe die schönsten deiner Streifen hier in dein Forschertagebuch! Sie müssen dafür aber ganz trocken geworden sein.

Forscherfrage 37

Kreuze die Schallquellen an, die du dir angehört hast, und schreibe weitere in die leeren Felder. Trage in das Feld daneben die Art des Klangs ein. Aus der Liste der Klänge rechts kannst du dir den passenden auswählen!

Schallquelle	gehört	Art des Klangs
Topfdeckel		
Hund		
Katze		
Bach		
startendes Flugzeug		
zersplitterndes Glas		
Papier		
Bienen		
Pferd		
Wasserfall		
starker Regen auf Dach		
Spatzen		

plätschern

miauen

tschilpen

dröhnen

klirren

summen

rauschen

wiehern

rascheln

trommeln

scheppern

bellen

Forscherfrage 38

Einige weitere lustige Schall-Versuche:

1. Halte dir die Hände an die Ohren, sodass sie wie Hasenohren aussehen. Sofort hörst du deutlich besser. Auch Katzen und Hunde mit spitzen Ohren können dank ihrer großen Ohrmuscheln besonders gut hören. Versuche, dir aus Pappe künstliche übergroße Ohren zu basteln, mit denen du besser hörst. Denke daran: Du musst sie so formen, dass sie den aufgefangenen Schall in Richtung Ohröffnung werfen.

2. Willst du deinen eigenen Herzschlag hören? Du brauchst nur einen Schlauch und zwei Trichter, deren Hälse gerade in den Schlauch passen. Stecke in jedes Schlauchende einen Trichterhals, drücke einen Trichter ans Ohr und den anderen Trichter auf deine Brust, etwa in die Mitte. Suche die Stelle, wo du das Pochen deines Herzens am besten hörst!

1

2

3

Forscherfrage 39

Zeichne in mehreren Skizzen, wie sich Wellen ausbreiten, wenn du einen Stein ins Wasser wirfst. Die Skizzen sollten zeitlich aufeinanderfolgende Bilder zeigen, ähnlich wie bei einem Film. Skizze 1 zeigt also zum Beispiel die Wasserwellen eine Sekunde nach Einwurf des Steins, Skizze 2 zwei Sekunden danach und so weiter.

Forscherfrage 40

Wie lange braucht der Schall von seiner Quelle zum Ohr? Trage die Ergebnisse deiner Versuche in die kleine Tabelle ein! Gib die Entfernung in Metern (m), die Zeit in Sekunden (s) an.

Entfernung	Zeit
m	s

Forscherfrage 41

Probiere in deiner Nachbarschaft aus, wo du gut Hall und Echos hören kannst – zum Beispiel in einem Durchgang oder vor einer großen glatten Wand. Skizziere dich in der entsprechenden Umgebung, also wo du stehst und was den Schall zurückwirft.

Forscherfrage 42

Töne und Geräusche haben unterschiedliche Lautstärken. Welches Geräusch ist in einer Entfernung von jeweils einem Meter am leisesten, welches am lautesten?

- Martinshorn
- fahrendes Auto
- Blattrauschen
- Gespräch
- laute Musik
- startendes Flugzeug
- Rasenmäher
- Vogelgezwitscher
- Trillerpfeife

Forscherfrage 43

Trage in die Tabelle die Ergebnisse deiner Brillenuntersuchung ein!

Besitzer der Brille	Glas	zeigt vergrößert	zeigt verkleinert	weder noch
	rechts			
	links			
	rechts			
	links			
	rechts			
	links			
	rechts			
	links			

Forscherfrage 44

Welche Linse ist konkav, welche konvex? Trage ein:

kon ________

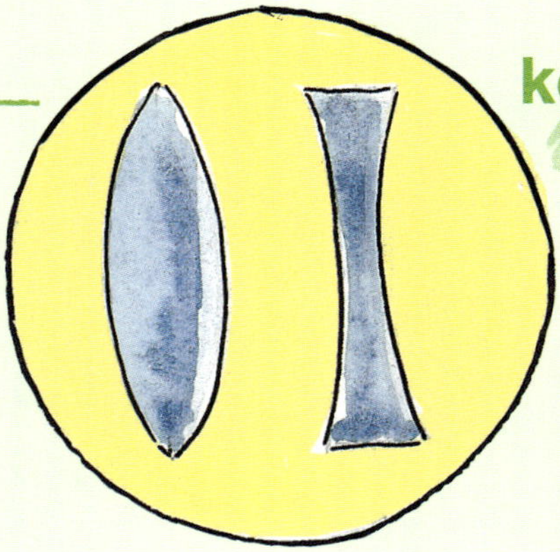

kon ________

Forscherfrage 45

Ordne alle erreichbaren Sammellinsen nach ihrer Vergrößerung. Halte zudem jede Linse direkt vors Auge, schaue auf einen Text und verändere den Abstand zwischen Linse und Buch, bis du die Buchstaben am größten und schärfsten siehst. Miss dann den Abstand zwischen Linse und Papieroberfläche. Findest du einen Zusammenhang zwischen Vergrößerung und Abstand?

Art bzw. Herkunft der Linse	Rangfolge der Vergrößerung	Abstand in Millimeter (mm)
		mm

Forscherfrage 46

Skizziere die Strahlenverläufe der untersuchten Linsen. Trage dazu ein, welche Linse du jeweils untersucht hast!

Forscherfrage 47

Richte mit einer Lupe den Brennpunkt der Sonne auf unterschiedlich helle Bereiche eines Zeitungsblatts. Notiere, wie lange es etwa dauert, bis sich Rauch kräuselt. Achtung: Hier sollte ein Erwachsener dabei sein!

Beschreibung des Bereichs	sehr rasch	erst etwas später	gar nicht

Forscherfrage 48

Male mithilfe deiner Camera obscura ein schönes Bild und klebe es hier ein!

Forscherfrage 49

Betrachte verschiedene Gegenstände mit der Lupe. Versuche zu zeichnen, was du siehst. Klebe einige dieser Bilder hier ein und schreibe dazu, was es ist und an welchem Datum du es gezeichnet hast.

Welche Vergrößerung im Experimentierbuch gehört zu welchem Gegenstand? Trage den passenden Buchstaben ein!

Forscherfrage 50

Versuche, den Durchmesser des Vollmonds am Himmel mit einem Lineal abzumessen. Am besten steckst du dazu zwei Wäscheklammern darauf. Dann hältst du das Lineal am ausgestreckten Arm gegen den Mond und verschiebst eine Klammer, bis beide gerade den Rand der Mondscheibe berühren. Lies dann den Abstand in Millimetern (abgekürzt: mm) ab!

Mond nahe dem Horizont ______ **Millimeter**

Mond hoch am Himmel ______ **Millimeter**

Forscherfrage 51

Beobachte den Vollmond mit deinem Fernglas und hake in der Tabelle ab, was du erkannt hast!

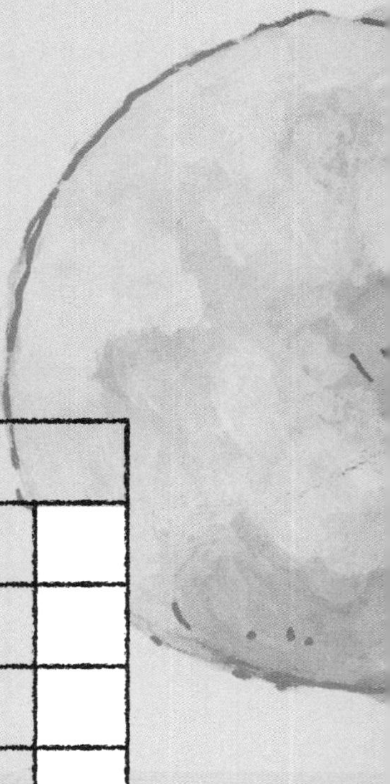

Auf der Mondoberfläche erkannt:			
Regenmeer		Krater Theophilus	
Mondalpen		Krater Tycho	
Meer der Heiterkeit		Wolkenmeer	
Meer der Gefahren		Ozean der Stürme	
Meer der Ruhe		Krater Kopernikus	

Forscherfrage 52

Forme aus Knetmasse verschieden große Kugeln und lasse sie aus unterschiedlicher Höhe ins Mehl fallen. Miss den Durchmesser der Kugel sowie des entstandenen Kraters und trage die Werte in die Tabelle ein!

Kugeldurchmesser in Millimeter	Kraterdurchmesser in Millimeter	Fallhöhe in Zentimeter
mm	mm	cm

Zeichne einige typische Kraterformen von oben gesehen oder im Querschnitt!

Forscherfrage 53

Frühere Mondforscher haben stets möglichst genaue und an Einzelheiten reiche Mondkarten gezeichnet. Die Fotografie war damals noch nicht erfunden. Versuche auch einmal, den Mond zu zeichnen, wie du ihn mit bloßem Auge oder Fernglas siehst. Es muss nicht unbedingt der Vollmond sein – probiere es auch mit der beleuchteten Seite des Halbmonds.
Zeichne am besten auf ein Blatt weißes Papier mit einer guten Unterlage. Wenn die Zeichnung zu groß zum Einkleben ist, legst du sie einfach in dein Forschertagebuch hinein.
Versuche den Mond immer mal wieder zu zeichnen. Du wirst staunen: Fast jedes Mal wirst du weitere Einzelheiten entdecken, die dir vorher nicht auffielen oder nicht zu sehen gewesen waren.

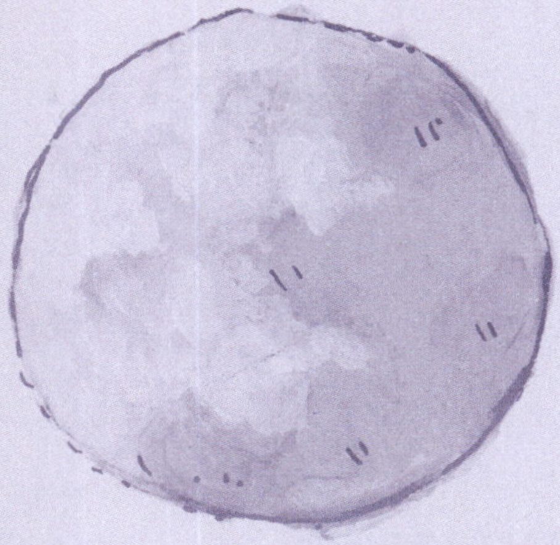

Forscherfrage 54

Von Tag zu Tag wechselt der Mond sein Aussehen. Male sein Bild für jeden Tag in die abgebildeten Kreise und schreibe dazu die entsprechenden Bezeichnungen: N = Neumond, Z = zunehmender Mond, V = Vollmond, H = Halbmond sowie A = abnehmender Mond. Notiere auch, um welche Uhrzeit du jeweils den Mond beobachtet hast. Den zunehmenden Mond beobachtest du am besten abends, den abnehmenden morgens, denn in der Nacht wirst du natürlich deswegen nicht aufbleiben dürfen. Wenn Wolken den Mond verdecken, kannst du den Tag einfach auslassen. Manche Zeitungen und Kalender drucken täglich die Mondphasen ab. Auch im Internet gibt es unter dem Stichwort „Mondphasen“ entsprechende Seiten. Vergleiche deine Zeichnungen mit diesen Angaben.

Forscherfrage 55

Trage hinter jeder Frage die richtige Zahl ein:
In welchem Jahr betrat
der erste Mensch den Mond? ______
Wie lange dauert
ein gesamter Mondtag? ______
Wie viele Tage ist
es dabei dunkel? ______
Wie heiß etwa wird die
Mondoberfläche im Sonnenlicht? ______ Grad Celsius
Und wie kalt wird
sie in der Dunkelheit? ______ Grad Celsius
Wie weit ist der Mond
im Durchschnitt von uns entfernt? ______ Kilometer
Und wie nahe
kann er uns kommen? ______ Kilometer

Forscherfrage 56

Fülle einen Messbecher oder ein anderes Gefäß mit Maßeinteilung vollständig mit lockerem Schnee, ohne ihn allzu sehr zusammenzudrücken. Lasse ihn dann schmelzen. Miss die Menge in Millilitern (abgekürzt: ml) vorher und nachher. Wiederhole den Versuch einige Tage lang. Nimm dabei auch Schnee, der schon etwas zusammengesackt ist. Verändert sich dadurch das Ergebnis?

Datum der Probenahme	Menge vor dem Schmelzen	Menge nach dem Schmelzen
	ml	ml

Forscherfrage 57

Wenn vom Himmel lockere Flocken rieseln, fange einige davon auf kaltem, dunklem Stoff auf. Betrachte sie mit der Lupe und versuche sie rasch abzuzeichnen, bevor sie geschmolzen sind. Klebe die schönsten Zeichnungen hier in dein Forschertagebuch!

Forscherfrage 58

Nicht nur Eis wird beim Zerkleinern oder an einem Kratzer heller. Das gilt auch für einige andere Stoffe. Probiere es aus und trage deine Ergebnisse oder Beobachtungen in die Tabelle ein. Lasse dir bei harten Stoffen von einem Erwachsenen helfen!

Stoff	wird heller	wird nicht heller
Schokolade		
Kandiszucker		
Stein		
Salz		
Seife		
Wasser (zu Nebel)		

13 Eine Stunde hat 60 Minuten, ein Tag hat 24 Stunden, ein Jahr hat 365 Tage und 100 Jahre sind ein Jahrhundert.

14 Für die Figur in New York ist es Morgen, in Südafrika ist es Mittag, auf Hawaii ist es Nacht und in Australien ist es Abend.

18 Richtig sind: im Weltall, in einem Trinkhalm beim Saugen, in einem Saughaken, auf dem Mond, in einem verschlossenen Einmachglas, in einer Fernseh-Bildröhre sowie in der Lunge beim Einatmen.

23 Wasser gefriert bei 0 Grad Celsius. Die Körpertemperatur eines Menschen beträgt etwa 37 Grad Celsius. Wasser siedet bei 100 Grad Celsius. Lava ist bis zu 1200 Grad Celsius heiß, die Sonnenoberfläche rund 5000 Grad Celsius. Ein Blitz entwickelt eine Temperatur bis zu 30000 Grad Celsius.

42 Die Reihenfolge lautet (von leise nach laut): Blattrauschen, Vogelgezwitscher, Gespräch, laute Musik, Rasenmäher, fahrendes Auto, Trillerpfeife, Martinshorn, startendes Flugzeug.

49 Die Auflösung lautet: Löwenzahn – B, Handtuch – E, Kaktus – D, Libelle – C, Brot – A.

55 1969 betrat der erste Mensch den Mond. Ein Mondtag dauert einen Monat, dabei ist es 14 Tage dunkel. Auf der Mondoberfläche wird es 118 Grad Celsius heiß, in der Nacht minus 153 Grad Celsius kalt. Die Entfernung von Erde zu Mond beträgt im Durchschnitt 384000 Kilometer, die kürzeste Entfernung 356000 Kilometer.

Das Forschertagebuch ist ein Beiheft des Titels
Wasser, Wind und Wolkenbruch. Experimentieren und Forschen.
Autor: Dr. Rainer Köthe
Illustrationen: Isabelle Dinter; Gestaltung: Johannes Blendinger

Burgschmietstraße 2–4, 90419 Nürnberg
www.tessloff.com; www.wasistwas.de

ISBN 978-3-7886-1376-1

Hinweis: Die Experimente in diesem Buch sind von Autor und Verlag sorgfältig ausgewählt und geprüft worden. Dennoch kann keine Garantie übernommen werden. Eine Haftung seitens des Autors oder Verlags ist ausgeschlossen.

TESSLOFF